# 常见农副产品饲料化利用技术

CHANGJIAN NONGFU CHANPIN
SILIAOHUA LIYONG JISHU

万 荣 ◎ 主编

中国农业科学技术出版社

图书在版编目(CIP)数据

常见农副产品饲料化利用技术 / 万荣主编 . --北京：中国农业科学技术出版社，2025.6. -- ISBN 978-7-5116-7340-4

Ⅰ.S816

中国国家版本馆 CIP 数据核字第 20251NW338 号

| | |
|---|---|
| 责任编辑 | 张国锋 |
| 责任校对 | 李向荣 |
| 责任印制 | 姜义伟　王思文 |

| | |
|---|---|
| 出 版 者 | 中国农业科学技术出版社 |
| | 北京市中关村南大街 12 号　邮编：100081 |
| 电　　话 | （010）82109705（编辑室）　（010）82106624（发行部） |
| | （010）82109709（读者服务部） |
| 网　　址 | https://castp.caas.cn |
| 经 销 者 | 各地新华书店 |
| 印 刷 者 | 北京建宏印刷有限公司 |
| 开　　本 | 148mm×210 mm　1/32 |
| 印　　张 | 7.625 |
| 字　　数 | 210 千字 |
| 版　　次 | 2025 年 6 月第 1 版　2025 年 6 月第 1 次印刷 |
| 定　　价 | 48.00 元 |

◆版权所有·翻印必究◆

# 《常见农副产品饲料化利用技术》
# 编委会

主　编：万　荣（百色学院）

副主编：张传芳（四川职业技术学院）

编　委：农斯伟（百色学院）

　　　　斯大勇（中国农业大学）

　　　　苏桂梅（百色学院）

　　　　陈锦德（百色学院）

　　　　曹馨予（百色学院）

　　　　杨思宇（百色学院）

# 内容简介

在全球粮食安全、人口增长和资源环境等压力日益严峻的背景下，如何充分挖掘农副产品的饲料资源潜力，实现其高效、绿色、循环利用，对保障畜牧业可持续发展具有重要意义。本书秉持"变废为宝，点草成金"理念，系统介绍了常见农副产品饲料化利用的营养价值、加工关键技术及在动物养殖中的应用效果。《常见农副产品饲料化利用技术》一书致力于介绍如何将常见的农副产品高效、环保地转化为优质的动物饲料，旨在提高农业资源利用效率、降低养殖成本、促进循环农业的可持续性发展。

《常见农副产品饲料化利用技术》一书基于编者多年的实践生产经验及阅读的文献资料，共分为七章，系统介绍了农副产品饲料资源的概况，包括种类、分布、利用现状、潜力及饲料化利用的意义。本书重点阐述了谷物及块根、块茎加工副产物资源、油料作物加工副产物资源、植物加工副产物资源、水果加工副产物资源和动物加工副产物资源的开发利用。本书的出版对推动农副产品的高值化利用、降低养殖成本、促进畜牧业绿色可持续发展具有重要指导意义。

# 前　言

伴随全球人口持续增长，粮食安全和营养需求成为当今世界面临的重大挑战，传统的粮食生产体系难以满足人们日益增长的需求。同时，大量的农副产品却未能得到充分利用，甚至造成资源浪费和环境污染。如何有效开发和利用这些潜在的饲料资源，成为缓解粮食压力、保障畜牧业可持续发展的重要途径。

本书正是在这一背景下应运而生，旨在为畜牧和饲料相关科研人员、技术推广人员以及养殖技术人员等提供全面了解和应用农副产品饲料化开发的技术指南，亦可作为本科生、研究生教材或教学参考书。

本书共分为七章。第一章概述了我国农副产品饲料资源的种类、分布、利用现状和潜力，并阐述了其饲料化利用的意义。第二章介绍了农产品加工副产物饲料的营养价值评定方法，包括常规营养成分分析、抗营养因子及毒素分析、生物学评定方法以及饲料数据库及营养价值评定软件。第三章至第七章分别详细介绍了谷物及块根、块茎加工副产物资源、油料作物加工副产物资源、植物加工副产物资源、水果加工副产物资源及动物加工副产物资源的开发利用技术，涵盖了玉米、小麦、稻谷、薯类、大豆、油菜、花生、棕榈、桑叶、茶叶、芒果、香蕉、水产品、甲壳类动物和畜禽等多种常见农副产品。

本书的编写得到了多位专家学者和企业专家的支持和帮助，在此表示衷心的感谢！由于编者水平有限，书中难免存在不足之处，恳请广大读者批评指正。

# 目 录

**第一章 我国农副产品饲料资源概况** ………………………………1
  第一节 农副产品饲料资源概述 ………………………………3
  第二节 农产品加工副产物饲料资源的利用现状及潜力 …9
  第三节 农产品加工副产物饲料化利用的意义 ……………17
  参考文献 ……………………………………………………21
**第二章 农产品加工副产物饲料的营养价值评定** …………23
  第一节 常规营养成分分析 …………………………………23
  第二节 抗营养因子及毒素分析 ……………………………30
  第三节 农产品加工副产物饲料生物学评定方法 …………34
  第四节 农产品加工副产物饲料数据库及营养价值
          评定软件 ……………………………………………39
  参考文献 ……………………………………………………44
**第三章 谷物及块根、块茎加工副产物资源的开发与利用** …47
  第一节 玉米加工副产物饲料化利用 ………………………47
  第二节 小麦加工副产物饲料化利用 ………………………57
  第三节 稻谷加工副产物饲料化利用 ………………………73
  第四节 薯类及加工副产物饲料化利用 ……………………86
  参考文献 ……………………………………………………99
**第四章 油料作物加工副产物资源的开发与利用** …………105
  第一节 大豆副产物资源的开发与利用 ……………………105
  第二节 油菜作物副产物的开发与利用 ……………………116
  第三节 花生作物副产物的开发与利用 ……………………121

第四节　棕榈副产物的开发与利用……………………………127
　　参考文献………………………………………………………131
第五章　植物加工副产物资源的开发与利用……………………135
　　第一节　桑叶及其副产物的开发与利用……………………135
　　第二节　茶加工副产品资源的开发与利用…………………149
　　参考文献………………………………………………………155
第六章　水果加工副产物资源的开发与利用……………………159
　　第一节　芒果加工副产物资源的开发与利用………………160
　　第二节　香蕉加工副产物资源的开发与利用………………166
　　第三节　菠萝加工副产物资源的开发与利用………………170
　　第四节　葡萄加工副产物资源的开发与利用………………174
　　第五节　椰子加工副产物资源的开发与利用………………182
　　参考文献………………………………………………………188
第七章　动物及微生物加工副产物资源的开发与利用…………194
　　第一节　水产品加工副产物资源的开发与利用……………194
　　第二节　甲壳类动物加工副产物资源的开发与利用………199
　　第三节　畜禽加工副产品资源的开发与利用………………204
　　第四节　微生物及其加工产品的开发与利用………………222
　　参考文献………………………………………………………229
**主要符号表**………………………………………………………235

# 第一章　我国农副产品饲料资源概况

中国作为世界上最大的农业生产国之一，粮食、水果等主要农作物产量常年位居世界前列，由此伴生出规模庞大的农副产品资源，为畜牧产业提供了巨大的饲料化开发利用潜力和发展空间。2022年国家统计局数据显示，全国粮食播种面积达118 332.1千$hm^2$，其中稻谷播种面积达29 450.1千$hm^2$，小麦播种面积达23 518.5千$hm^2$，玉米播种面积达43 070.1千$hm^2$，豆类播种面积达11 877.9千$hm^2$，薯类播种面积达7 185.4千$hm^2$。该年全国粮食总产量高达68 652.8万t，其中稻谷年总产量达20 849.5万t，小麦年总产量达13 772.3万t，玉米年总产量达27 720.3万t，豆类年总产量达2 351.0万t，薯类年总产量达2 977.4万t。其庞大的粮食生产体系，产生了种类丰富的农副产品资源，如稻壳、米糠、小麦麸、玉米秸秆等，因此我国每年可用于饲料化开发的农副产品资源量巨大。这些资源涵盖了能量饲料、蛋白质饲料、纤维类粗饲料等，例如玉米秸秆、小麦麸、稻壳秸秆，是反刍动物的重要粗饲料来源；玉米蛋白粉、豆粕、菜籽粕等富含蛋白质，是动物不可或缺的蛋白质饲料来源。与玉米、豆粕等传统饲料资源相比，农副产品饲料资源虽然存在营养价值相对较低、区域分布不均等问题，但其产量巨大、价格低廉、可再生性强，对其进行科学有效的高值化开发利用，对于缓解我国饲料粮供需矛盾、降低饲养成本、推动畜牧业绿色可持续发展具有重要的战略意义。

尽管我国农副产品饲料资源开发利用已取得一定成效，但与常规饲料相比，整体利用水平仍然较低。近年来，秸秆青贮、氨化处理等技术的推广应用，显著提高了秸秆饲料的营养价值和动物对其消化利用。农产品加工副产品，如酒糟、醋糟、啤酒糟等，通过科学配比和加工，已成为畜禽饲料的重要组成部分，部分替代了传统能量饲料和蛋白质饲料。一些地区积极探索"种植—养殖—加工"一体化循环农业发展模式，实现了农副产品饲料资源的梯级利用，提升了资源利用效率。然而，我国农副产品饲料资源开发利用仍面临诸多挑战：①标准化生产体系尚未完全建立，产品质量参差不齐；②农户分散经营模式导致难以形成规模化、产业化发展；③科技成果转化率和应用推广速度有待提升；④缺乏对农副产品饲料资源的系统性开发利用；⑤安全风险防控体系尚不完善。因此，亟需加强政策引导和科技支撑，推动我国农副产品饲料资源开发利用向规模化、标准化、产业化方向发展。

农副产品资源的高效利用是保障农业生态环境良性循环和畜牧业可持续发展的重要路径（郭昭君，2021；李建科等，2021）。我国已在玉米、小麦、稻谷等农作物副产物以及薯类、豆科籽实、棉籽、油菜籽等农副产品的饲料化利用方面取得了积极进展（宗成等，2022；李芊芊等，2023；王玉等，2024）。当前，应以提升资源利用效率和产品附加值为目标，着力构建多元化、高值化、生态化的农副产品饲料资源开发利用体系。一是加强对秸秆类资源（如稻草、麦秸、玉米秸秆等）、藤蔓类资源（如红薯藤、花生藤等）和树叶类资源（如桑叶、构树叶等）的青贮、氨化等处理工艺研究，以提高其适口性和消化率。二是加大对果酒糟、醋糟、豆腐渣等食品加工副产物，以及酵母水解物、酵母粉等微生物发酵副产物的营养价值评估和饲料化科学应用研究，开发安全高效的饲料产品。三是探索昆虫蛋白资源、水果加工副产物（如芒果、百香果、菠萝等）、动物加工副产品（如鸡血、鸡肝、鸡肠、乳制品等）等非常规饲料资源的开发利用，拓宽饲料来源。四是加强政策引导和科技支撑，以促进农副产品饲料资源开发利用产业的标准化、规模化、集约化发展。

# 第一节 农副产品饲料资源概述

## 一、农副产品饲料资源的定义与分类

农副产品饲料资源是指农业生产过程中产生的，除主要产品以外的副产物以及农产品加工过程中产生的副产物，这些资源经过合理加工处理后，可作为畜禽饲料的重要组成部分，对降低饲料成本、保障畜牧业可持续发展具有重要意义（刘依莎等，2023）。广义的农副产品饲料资源涵盖范围广泛，包括农作物秸秆、糠麸类、饼粕类、藤蔓类、树叶类、食品加工副产物、微生物发酵副产物、昆虫、动物加工副产物等。本书根据其营养特性和主要用途，将农副产品饲料资源分为能量饲料资源、蛋白质饲料资源、粗饲料资源和其他饲料资源四大类。具体分类方法见表1-1。其中能量饲料资源：主要包括玉米、小麦、稻谷等谷物副产物以及薯类加工副产物，如玉米秸秆、麦麸、稻壳、甘薯等。特点是碳水化合物含量高，可为畜禽提供能量。蛋白质饲料资源：主要包括豆科籽实、棉籽、油菜籽等榨油后的饼粕类产品，以及其他植物蛋白资源如葵花籽粕、芝麻粕等（刘军义等，2016）。特点是蛋白质含量较高，可作为畜禽日粮蛋白质的重要来源。粗饲料资源：主要包括农作物秸秆、藤蔓类和树叶类等，如稻草、麦秸、红薯藤、桑叶等。特点是纤维素含量高，是反刍动物不可或缺的饲料来源。其他饲料资源：涵盖了食品加工副产物（如果酒糟、醋糟、豆腐渣等）、微生物发酵副产物、昆虫蛋白资源、水果加工副产物、动物加工副产物等，如黄粉虫、黑水虻、鸡血、鸡肝和乳清粉等。特点是种类繁多，营养价值各有特点，在畜禽生产中可发挥独特作用。

表 1-1  农副产品饲料资源的分类

| 类别 | 主要种类 | 特点 | 代表资源 |
| --- | --- | --- | --- |
| 能量饲料资源 | 玉米副产物 | 碳水化合物含量高，为畜禽提供能量 | 玉米秸秆、玉米芯、玉米皮等 |
| | 小麦副产物 | | 麦麸、麦秸、麦糠等 |
| | 稻谷副产物 | | 稻壳、米糠、碎米等 |
| | 薯类及加工副产物 | | 甘薯、马铃薯、木薯等 |
| 蛋白质饲料资源 | 豆科籽实副产物 | 蛋白质含量较高，可作为畜禽蛋白质的重要来源 | 豆粕、花生粕、菜籽粕等 |
| | 棉籽副产物 | | 棉籽粕、棉籽壳等 |
| | 油菜籽副产物 | | 菜籽粕、菜籽饼等 |
| | 其他植物蛋白质资源 | | 葵花籽粕、芝麻粕等 |
| 粗饲料资源 | 秸秆类资源 | 纤维素含量高，可作为反刍动物的主要饲料来源 | 稻草、麦秸、玉米秸秆等 |
| | 藤蔓类资源 | | 红薯藤、花生藤、豆科牧草等 |
| | 树叶类资源 | | 桑叶、构树叶、榆树叶等 |
| 其他饲料资源 | 食品加工副产物 | 种类繁多，营养价值各有特点，可根据畜禽的营养需求进行合理利用 | 果酒糟、醋糟、豆腐渣等 |
| | 微生物发酵副产物 | | 酵母水解物、酵母粉等 |
| | 昆虫蛋白资源 | | 黄粉虫、黑水虻、家蝇等 |
| | 水果及加工副产物 | | 芒果、百香果、菠萝及加工副产物等 |
| | 动物加工副产物 | | 鸡血、鸡肝、鸡肠、乳清粉、肉骨粉等 |

## 二、我国农产品及其加工副产物资源产量

随着我国经济的快速发展和人民生活水平的不断提高，对农产品的需求日益增长，农产品供给安全关乎国计民生。农产品资源包括粮食作物、经济作物、畜产品、水产品等，是保障国家粮食安全和食品安全的重要物质基础。近年来，我国高度重视农产品生产，不断加大政策扶持力度，推动农业科技进步，农产品产量稳步增

长，为满足人民日益增长的美好生活需要提供了有力保障。2023年国家统计局发布，全年中国农产品产量总计达到224 616.72万t（表1-2），其中，以玉米、小麦、稻谷为主的粮食作物产量合计达到63 203.56万t，占总产量的28.13%，表明了粮食作物仍然是我国农业生产的重中之重，其产量波动直接关系到国家粮食安全。蔬菜和水果作为居民膳食结构中不可或缺的组成部分，其产量也保持在较高水平，分别为82 868.11万t和32 744.28万t，反映出我国居民对生活品质的追求不断提高。另外，大豆及其副产品、油料、棉籽等农产品在满足食用需求的同时，也为畜牧养殖业提供了重要的饲料原料。然而，从农产品加工量和副产物产量来看，我国农产品加工转化率仍有很大的提升空间，未来应着力发展农产品精深加工技术，延长产业链条，进而提高农产品附加值，推动农业高质量发展。

表1-2　2023年中国农产品及加工副产物资源产量　　（万t）

| 项目名称 | 产量[1] | 加工量[2] | 加工副产物产量[3] |
| --- | --- | --- | --- |
| 玉米 | 28 884.23 | 2 888.76 | 867.08 |
| 小麦 | 13 659.01 | 12 976.27 | 3 244.33 |
| 稻谷 | 20 660.32 | 19 626.96 | 6 869.24 |
| 薯类 | 3 013.88 | 2 110.24 | 105.20 |
| 大豆 | 2 384.10 | 1 191.30 | 834.51 |
| 进口大豆 | 9 940.9 | 9 940.90 | 7 754.65 |
| 油料 | 3 863.66 | 3 863.66 | 2 704.45 |
| 棉籽 | 1 058.10 | 1 058.10 | 741.25 |
| 甜菜 | 916.02 | 916.02 | 91.76 |
| 蔬菜 | 82 868.11 | 8 287.16 | 828.13 |
| 水果 | 32 744.28 | 6 549.37 | 982.79 |
| 肉类 | 9 748.23 | — | 2 924.35 |

（续表）

| 项目名称 | 产量[1] | 加工量[2] | 加工副产物产量[3] |
|---|---|---|---|
| 蛋类 | 3 562.99 | — | 1 068.86 |
| 牛奶 | 4 196.65 | — | 41.97 |
| 水产品 | 7 116.24 | — | 355.32 |
| 合计 | 224 616.72 | 69 408.75 | 29 413.87 |

注：1. 各类农作物年产量数据均来自 2023 年《中国农业年鉴》、国家统计局、农业农村部等网站。2. 加工量所得数据按照产量一定系数方法计算所得，该方法参考前人研究所得。3. 加工副产物产量所得数据根据加工量按照一定系数计算所得，其中甜菜、蔬菜、水果等加工副产物产量按照风干基础计算所得。

## 三、我国农产品饲料资源的区域分布

我国农副产品饲料资源的区域分布与其粮食生产格局密切相关，呈现出明显的地域差异（表1-3）。东北、华北和黄淮海地区是我国主要的粮食产区，贡献了全国大部分的粮食产量（李得发等，2024）。以 2023 年为例，东北三省（黑龙江、吉林、辽宁）粮食播种面积合计达到 36 210.7 万亩（1 亩 ≈ 666.67 m$^2$），占全国播种面积的 20.29%，粮食产量合计达到 14 538.1 万 t，占全国产量的 20.91%。华北地区（河北、山西）粮食播种面积合计达到 14 424.3 万亩，占全国播种面积的 8.08%，粮食产量合计达到 5 288 万 t，占全国产量的 7.61%。黄淮海地区（河南、山东、安徽、江苏）粮食播种面积合计达到 47 448.1 万亩，占全国播种面积的 26.6%，粮食产量合计达到 19 537.4 万 t，占全国产量的 28.12%。这些地区不仅拥有广阔的耕地面积，而且气候条件适宜农作物生长，因此也是农副产品饲料资源最为丰富的地区，生产的玉米、小麦、稻谷等不仅是重要的粮食作物，也是动物优质饲料来源。此外，东北地区还拥有丰富的玉米秸秆资源，华北和黄淮海地区的麦秸、稻草等也是重要的农副产品粗饲料来源。

相较而言，南方地区的农副产品饲料资源相对较为缺乏，2023年，南方地区（湖南、湖北、江西、四川、重庆、云南、贵州、广西、广东、福建）粮食播种面积合计为54 413.9万亩，占全国播种面积的30.5%，但产量仅为24 631.8万t，占全国产量的35.44%。这主要受限于耕地面积较少、气候条件差异等因素（许宇轩等，2024）。南方地区以水稻种植为主，稻草秸秆的营养价值相对较低，且易受季节性影响，不利于长期储存。此外，南方地区畜牧业发展迅速，对农副产品饲料的需求量较大，这也进一步加剧了该地区的饲料资源供需矛盾。

为了缓解农副产品饲料资源的区域分布不均衡问题，一方面，需要加强区域间的调剂和流通，将东北、华北等地区的优质饲料资源输送到南方地区。另一方面，要积极开发利用南方地区的非常规饲料资源，如木薯、甘薯、牧草等，以满足畜牧业发展的需求。

表1-3　2023年中国各省粮食播种面积和产量占比明细

| 排名 | 地区 | 播种面积（万亩） | 播种面积占全国比重（%） | 产量（万t） | 产量占全国比重（%） |
| --- | --- | --- | --- | --- | --- |
| 1 | 黑龙江 | 22 114.7 | 12.39 | 7 788.2 | 11.20 |
| 2 | 河南 | 16 178.0 | 9.07 | 6 624.3 | 9.53 |
| 3 | 山东 | 12 581.9 | 7.05 | 5 655.3 | 8.13 |
| 4 | 安徽 | 11 001.8 | 6.17 | 4 150.8 | 5.97 |
| 5 | 内蒙古 | 10 477.1 | 5.87 | 3 957.8 | 5.69 |
| 6 | 河北 | 9 682.8 | 5.43 | 3 809.9 | 5.48 |
| 7 | 四川 | 9 606.0 | 5.38 | 3 593.8 | 5.17 |
| 8 | 吉林 | 8 738.4 | 4.90 | 4 186.5 | 6.02 |
| 9 | 江苏 | 8 188.4 | 4.59 | 3 797.7 | 5.46 |
| 10 | 湖南 | 7 145.3 | 4.00 | 3 068.0 | 4.41 |
| 11 | 湖北 | 7 060.5 | 3.96 | 2 777.0 | 3.99 |

(续表)

| 排名 | 地区 | 播种面积（万亩） | 播种面积占全国比重（%） | 产量（万t） | 产量占全国比重（%） |
|---|---|---|---|---|---|
| 12 | 云南 | 6 364.8 | 3.57 | 1 974.0 | 2.84 |
| 13 | 江西 | 5 661.5 | 3.17 | 2 198.3 | 3.16 |
| 14 | 辽宁 | 5 367.6 | 3.01 | 2 563.4 | 3.69 |
| 15 | 山西 | 4 741.5 | 2.66 | 1 478.1 | 2.13 |
| 16 | 陕西 | 4 534.5 | 2.54 | 1 323.7 | 1.90 |
| 17 | 广西 | 4 252.1 | 2.38 | 1 395.4 | 2.01 |
| 18 | 新疆 | 4 237.2 | 2.37 | 2 119.2 | 3.05 |
| 19 | 贵州 | 4 160.7 | 2.33 | 1 119.7 | 1.61 |
| 20 | 甘肃 | 4 066.4 | 2.28 | 1 272.9 | 1.83 |
| 21 | 广东 | 3 344.3 | 1.87 | 1 285.2 | 1.85 |
| 22 | 重庆 | 3 038.9 | 1.70 | 1 095.9 | 1.58 |
| 23 | 浙江 | 1 537.1 | 0.86 | 638.8 | 0.92 |
| 24 | 福建 | 1 261.7 | 0.71 | 511.0 | 0.73 |
| 25 | 宁夏 | 1 040.9 | 0.58 | 378.8 | 0.54 |
| 26 | 天津 | 585.0 | 0.33 | 255.7 | 0.37 |
| 27 | 青海 | 457.4 | 0.26 | 116.2 | 0.17 |
| 28 | 海南 | 410.4 | 0.23 | 147.0 | 0.21 |
| 29 | 西藏 | 291.9 | 0.16 | 108.9 | 0.16 |
| 30 | 上海 | 190.8 | 0.11 | 101.9 | 0.15 |
| 31 | 北京 | 134.3 | 0.08 | 47.8 | 0.07 |
| 合计 | 中国 | 178 452.8 | 100.00 | 69 541.0 | 100.00 |

注：该数据来自2023年《中国农业年鉴》、国家统计局、农业农村部等网站。

## 第二节　农产品加工副产物饲料资源的利用现状及潜力

### 一、农产品加工副产物利用现状

#### (一) 政策法规保障农产品加工副产物的安全应用

农产品加工副产物作为饲料原料，其安全性关系到动物产品的质量安全乃至人体健康状况，因此，受到政府和行业的密切关注。中华人民共和国农业部于2012年发布第1773号公告首次发布《饲料原料目录》，该公告明确列出了谷物及其加工产品、油料籽实及其加工产品、豆科作物籽实及其加工产品、水果类产品及其加工副产物、动物产品加工副产物等13大类600多种饲料原料，几乎涵盖我国所有可应用于饲料生产的农产品加工副产物。该目录的发布为农产品加工副产物作为饲料原料提供了明确的法律依据，同时也为行业发展指明了发展方向。随着近年来农产品加工副产物的不断应用与更新，《饲料原料目录》经过多次修订，不断新增和完善相关内容，以适应行业发展的新形势和新要求，进一步保障了农产品加工副产物的安全应用。

随着农产品加工副产物的持续应用，为规范饲料产品质量安全，保障动物产品和人体健康，我国于2018年5月1日正式实施了新的《饲料卫生标准》（GB 13078—2017），该标准对各类有毒有害污染物在饲料原料、饲料产品中的限量值做出了明确规定，并细化了各项目在不同饲料原料以及不同动物类别和不同生长阶段饲料产品中的限量值（彭琳琳等，2024）。《饲料卫生标准》的实施，为农产品加工副产物在饲料中的应用提供了更为严格的技术标准，进而有效保障了饲料产品的安全性和动物产品的质量安全。

## (二) 加工技术支撑农产品加工副产物的高效利用

农产品加工副产物虽具有一定的营养价值，但往往存在适口性差、消化率低、抗营养因子含量高等缺陷，限制了其在动物养殖中的实际应用。为了提高副产物的利用价值，国内外学者和企业在加工技术领域进行了大量的研究和实践，取得了一些成果。

首先，生物降解技术主要利用微生物或酶的作用，将副产物中的复杂大分子物质分解成小分子物质，从而提高其消化吸收率，并降低抗营养因子的含量。常见的生物降解技术包括菌种固态发酵、液体菌酶协同发酵、酶解技术和复合微生物发酵技术等，该技术广泛应用于农产品加工副产物之中，可有效降解饲料中大分子物质、合成营养物质等，显著提高副产物的消化吸收率和营养价值，使其更接近甚至超过常规饲料原料的营养水平（王婷等，2024）。同时，降解副产物中的抗营养因子、霉菌毒素等有害物质，进而提高饲料的安全性，以保障动物健康和产品质量安全。

其次，常见的物理处理技术则通过改变副产物的物理形态和结构，例如粒径大小、表面积、孔隙结构等，以提高其适口性、混合均匀度和利用效率。常用的物理处理技术包括：膨化、制粒、压块和微粉碎技术等，该技术可提高副产物表面积，以达到提高消化率的目的，同时破坏植物源饲料细胞壁结构，释放更多细胞内营养物质。此外，具有操作简便、成本较低、环保安全等优点。但该技术对于机械设备要求高、能耗高，在实际生产中常会出现过粉碎现象，若控制不当，易导致部分原料被过度粉碎，不仅增加能耗，还会降低动物适口性，影响采食量。因此，为更好地发挥该技术的优势，须不断优化工艺参数，改进设备性能，并结合其他加工技术，才能在提高饲料利用效率的同时，兼顾经济效益和环境效益。

最后，随着化学处理技术的不断提高，利用化学试剂与副产物中的特定成分发生反应，从而改变其理化性质，提高其营养价值（杨婷婷，2015）。常用的化学处理技术包括：碱处理、氨处理和酸处理等，这些方法能够针对不同副产物的特性以及目标营养成分进行选择性处理，从而实现资源的有效利用。化学处理技术的主要机制包括以下几点。①破坏植物细胞壁结构，提高营养物质利用率：碱处理、酸处理等方法可以水解细胞壁中的纤维素、半纤维素和果胶等结构性多糖，破坏细胞壁的完整性，释放出饲料中更多蛋白质、淀粉等营养物质，使其更容易被消化酶接触并分解处理；②降解抗营养因子，提高营养价值：化学处理可通过氧化、还原、络合等反应破坏这些抗营养因子的物理结构，降低其活性，如碱处理可以去除棉籽粕中的棉酚，酸处理可降低菜籽粕中的芥酸含量；③改变蛋白质结构，提高动物消化率：碱处理、酸处理等方法可以改变蛋白质的空间结构，暴露出更多的酶切位点，提高其被蛋白酶水解的效率，从而提高蛋白质的消化率；④改善适口性，提高动物采食量：化学处理可以改善副产物的颜色、气味和质地，如氨处理可以改善秸秆的适口性，增加秸秆中芳香族氨基酸含量，进而提高动物的采食量。但化学处理技术对于方法的选择和工艺参数的控制至关重要，需要根据具体的副产物种类和目标产品要求进行科学合理的设计，才能在保证安全性和环保性的前提下，最大限度地发挥化学处理技术的优势。

**（三）农产品加工副产物饲料化利用技术快速发展**

农产品加工副产物饲料化利用技术近年来发展迅速，呈现出系统化、精准化和绿色可持续发展态势。研究者已不局限于传统的粗放型利用方式，而是致力于从分子层面解析副产物营养组分与潜在风险因子，并据此制定针对性的精细化加工处理方案。如针对棉籽粕中棉酚等抗营养因子，采用生物解毒技术（如利用特定微生物菌株降解棉酚）、物理吸附技术（如利用活性炭吸附棉酚）及化学钝化技术（如利用特定化学试剂与棉酚发生反应使其失活）等多环节组合工艺，有效降低其对动物体的毒害作用。针对玉米酒糟蛋白消化率低的缺陷，可利用生物发酵技术（如固态发酵、液体发酵等），通过微生物代谢活动改善其氨基酸组成，提高其体内消化吸收率。此外，多技术协同利用模式亦成为重要发展方向，如将物理粉碎技术与生物酶解技术相结合，先通过物理方法增大物料比表面积，再利用酶的专一性高效降解特定抗营养因子，最大限度地提高副产物的营养物质消化利用率。

此外，现代加工技术更加注重环境友好和资源节约。如应用新型干燥技术（如微波干燥、红外干燥等）可有效降低能耗和碳排放。利用生物发酵技术可将副产物转化为富含有机质和养分的肥料，实现资源的循环利用，符合可持续发展理念。综上所述，随着技术的不断发展和应用，加工副产物饲料化将在保障饲料安全、降低饲料成本、减少环境污染、促进畜牧业可持续发展等方面发挥越来越重要的作用，具有广阔的应用前景。

## 二、农产品加工副产物饲料化过程中存在的问题

### （一）副产物饲料化品质不稳定，相关标准体系尚未完善

副产物饲料化虽具有巨大潜力，但其品质不稳定性问题却严重制约着其推广应用，根本原因在于相关标准体系尚未完善。首先，副产物原料来源广泛，不同批次间其营养组分含量及消化率变异系数较大，如粗蛋白质含量、氨基酸组成、能量水平等指标波动显著，导致饲料配方设计和营养供给难以精准化。其次，副产物中抗营养因子种类多样、含量波动大，且受品种、产地、加工工艺等多种因素影响，例如棉籽粕中棉酚含量受棉花品种和加工工艺影响差异可达数倍，这给抗营养因子精准去除和饲料安全风险控制带来极大挑战。此外，不同种类副产物物理结构和化学组成差异显著，如纤维类型、木质素含量、淀粉糊化度等方面存在较大差异，导致其对不同加工处理工艺的适用性存在较大差异，难以形成标准化的加工处理流程，最终造成副产物饲料产品质量参差不齐。

### （二）抗营养因子种类多且含量高

农产品加工副产物虽来源广泛，价格低廉，但普遍存在抗营养因子种类多且含量高的突出问题，这严重制约着其饲料价值的充分

发挥。如棉籽粕中含有棉酚、环丙烯脂肪酸等抗营养因子，菜籽粕中含有芥酸、硫代葡萄糖苷等，麸皮中含有非淀粉多糖（Non-starch Polysaccharides，NSP）、植酸等，这些抗营养因子会影响动物对营养物质的消化吸收，甚至对动物健康造成负面影响。

当前，针对副产物中抗营养因子的去除，主要采用物理法、化学法和生物法等。然而，现有加工方法难以兼顾适口性改善和营养损失最小化（江小帆等，2023）。如高温处理可钝化部分抗营养因子，但也会造成蛋白质变性、维生素损失等问题。此外，一些抗营养因子定向去除技术效率和选择性有待提高，难以高效专一地去除目标抗营养因子，对其他营养物质的影响也难以避免。同时，一些新型的、环境友好的抗营养因子消减技术仍处于研发阶段，尚未实现大规模应用。为最大限度地利用副产物资源，开发高效、安全、环保的抗营养因子去除技术，并建立健全副产物中有害物质消减和安全风险防控技术，是未来副产物饲料化研究的重要方向。

### （三）产品质量监管体系不完善

我国农产品加工副产物饲料化发展面临产品质量监管体系不健全的严峻挑战。首先，现行产品质量标准尚不完善，难以满足日益多元化的市场需求。现行国家执行的《饲料原料目录》（农业农村部 1773 号公告）中仅包含少量常规副产物原料，针对非常规原料（如食品加工副产物）的营养价值评定方法和安全限量标准尚不完善，导致市场上产品标签标识混乱，难以真实反映其营养价值，限制了其在动物养殖中的合理应用。其次，监管手段滞后，市场监管力度不足，难以有效规范市场秩序。部分企业受利益驱使，以次充好、掺杂使假等现象时有发生，例如在玉米酒糟中掺入玉米皮，在菜籽粕中掺入菜籽饼等，严重损害了消费者的合法权益，扰乱了市场秩序。此外，由于副产物原料来源、品种、收获季节、加工工艺等方面存在差异，导致副产物饲料产品批次间质量稳定性难以保障，如不同批次小麦麸皮的粗蛋白质含量差异高达 10% 以上，这给饲料企业原料品控和质量管理带来很大困扰，同时影响了养殖终端的使用效果和动物生产性能的稳定性。

**（四）行业可持续发展面临挑战**

农产品加工副产物饲料化行业的可持续发展面临多重挑战。首先，副产物原料的预处理成本高昂是制约其规模化应用的主要经济瓶颈。受限于分散的地理分布和季节性产量波动，副产物的收集、运输、仓储等环节成本较高。其次，部分副产物（如薯渣、果渣等）水分含量高，需要进行干燥处理，进一步增加了加工成本。高昂的生产成本导致副产物饲料产品价格缺乏竞争力，阻碍了规模化生产和产业化发展。此外，副产物加工过程中的环境污染问题日益凸显。传统加工方式能源消耗大，且容易产生废水、废气、废渣等，对环境造成压力。如何降低污染物排放，发展绿色低碳循环的加工模式，是实现副产物饲料化行业可持续发展的关键。而且，我国副产物饲料化行业整体发展水平不高，缺乏龙头企业引领，产业链条尚未完全打通，产学研用结合不紧密。大部分企业生产规模小、技术水平落后、产品质量参差不齐，难以满足规模化、集约化养殖的需求。

## 三、促进农产品加工副产物饲料资源开发利用的对策

**（一）建立健全产品质量标准和监管体系，规范行业发展**

构建科学完善的产品质量标准和监管体系是规范农产品加工副产物饲料化行业发展、推动其健康可持续发展的关键。首先，应以现有国家标准为基础，构建涵盖不同种类副产物原料的系统化产品质量标准体系。针对非常规原料（如食品加工副产物），研究制定科学合理的营养价值评定方法，例如建立体外模拟消化法、回肠消化率测定法等，准确评估其营养价值。同时，基于危害分析和风险评估，制定和完善抗营养因子和有害物质的安全限量标准，如参考欧盟等国家和地区的先进标准，制定更加严格的棉酚、芥酸、植酸等物质的限量标准，确保产品安全可靠。其次，应规范产品标签标

识，明确强制标识内容，确保信息真实、准确、完整，为生产者提供参考，为监管者提供依据（吴永康等，2024）。再次，加大市场监管力度，严厉打击各种违法违规行为。相关监管部门应加强对副产物饲料生产企业的监督检查，严厉查处掺杂使假、以次充好等行为，对违法企业依法予以严惩，并建立健全失信企业"黑名单"制度，提高违法成本，以维护市场公平竞争秩序。最后，充分利用区块链、物联网等现代信息技术，建立覆盖全产业链的产品质量追溯体系。通过构建信息化平台，实现副产物原料从生产、加工、运输、销售到终端使用的全过程信息化管理，实现产品来源可追溯、去向可查询、责任可追究，提升产品质量安全风险防控能力，增强消费者对副产物饲料产品的信任度，以推动行业高质量发展。

（二）突破关键技术瓶颈，提升副产物饲料化利用水平

农产品加工副产物饲料化利用的关键在于突破抗营养因子含量高、营养价值不稳定、适口性差等限制性因素，实现其资源价值的高效转化和利用。为此，须建立以"绿色、高效、精准"为核心的三个技术路径。①绿色加工技术：重点突破高效脱毒、降解或钝化抗营养因子的绿色加工技术。如利用生物发酵、酶解、超声波、脉冲电场等技术，实现对棉酚、芥酸、单宁等抗营养因子的定向去除或结构修饰，在降低副产物毒害作用的同时，最大限度地保留其营养成分，并减少传统加工技术带来的环境污染。②高效转化技术：研发提高副产物营养物质消化吸收效率的技术。如利用固态发酵、生物转化等技术，促进蛋白质降解，改善NSP和纤维素的利用效率，提高副产物能量值和氨基酸的生物有效性，提升其营养价值。③精准评定技术：建立快速、准确的营养价值评定体系。如利用近红外光谱技术、体外模拟消化技术等，结合动物模型试验，构建多指标综合评价体系，准确评估不同来源、不同加工方式副产物的营养价值和潜在风险，为精准配方和科学使用提供数据支撑。通过上述技术路径的协同攻关，预期实现副产物饲料化利用水平的整体提升，推动其向"安全、高效、稳定"的方向发展，为保障饲

料资源供给、发展绿色低碳循环农业提供科技支撑。

**（三）促进产业化发展，提升行业整体竞争力**

构建高效、可持续的农产品加工副产物饲料化产业体系，提升行业整体竞争力，促进农业资源高效利用和绿色发展。须实施以下战略举措。①培育产业集群，打造竞争高地：推动形成以龙头企业为核心、中小企业为补充，产学研用深度融合的产业集群，通过资源共享、技术协同、品牌共建，打造具有国际竞争力的副产物饲料产业集群，如在副产物资源丰富的地区，打造集原料加工、产品研发、生产销售于一体的产业集群，形成规模效应和品牌效应。②强化科技创新，驱动产业升级：将科技创新作为产业发展的核心驱动力，重点突破副产物高效转化、精准评定等关键技术瓶颈，开发绿色、高效、安全、高值化的副产物饲料产品。如研发针对不同副产物原料的专用酶制剂，提高其营养物质消化利用率；开发快速、准确的副产物营养价值评定技术，实现精准配方。③优化产业生态，促进协同发展：构建企业、科研机构、政府多方参与的产业生态系统，鼓励企业间以资本、技术、资源等为纽带开展合作，如鼓励龙头企业牵头建立产业技术创新联盟，联合攻关产业共性技术难题；鼓励饲料企业与养殖企业建立长期稳定的合作关系，形成利益联结机制，共同推动产业链的协同发展。④完善政策体系，营造良好环境：构建支持产业发展的政策体系，在资金、税收、土地等方面给予倾斜支持。同时加强行业监管，建立健全产品质量标准和安全追溯体系，规范市场秩序，营造公平竞争的市场环境。如制定副产物饲料化产业发展规划，明确产业发展方向和目标；建立健全副产物饲料产品质量安全追溯体系，保障产品质量安全。

**（四）加强宣传推广，提升行业认知度**

为提升农产品加工副产物饲料化行业的认知度，应实施多维度、立体化的宣传推广战略，可从以下几个方面着手。①构建以企业为主体、市场为导向的技术推广体系：鼓励企业加强与科研机构合作，将科研成果转化为生产力，并通过举办行业研讨会、建设技术示范基地等方式，加速先进技术的推广应用，提升行业整体技术水平。②打造全方位、多层次的科普宣传网络：整合政府、行业协会、企业等多方资源，利用大众传媒、网络平台、科普读物等多种渠道，向养殖户和公众普及副产物饲料的知识，传播行业发展理念，引导科学认知和理性消费。③拓展多渠道、深层次的国际交流与合作：鼓励企业"走出去"学习国外先进经验，也要积极"引进来"开展国际合作项目，通过技术引进、联合研发等方式，推动我国副产物饲料化产业与国际接轨，提升国际竞争力。通过实施上述战略，将有效提升农产品加工副产物饲料化行业的认知度和影响力，为产业发展营造良好的社会氛围，持续推动产业高质量发展。

## 第三节 农产品加工副产物饲料化利用的意义

### 一、缓解资源环境压力，推动农业绿色发展

农产品加工副产物饲料化利用是缓解资源环境压力、推动农业绿色发展的有效措施。首先，发展副产物饲料化利用能够提高资源利用效率，变废为宝（杨兴泽，2024）。我国农产品加工副产物资源量巨大，以农作物秸秆为例，2021年我国秸秆还田量达4亿t，但仍有大量秸秆未被有效利用。长期以来，受限于技术和认知水平，农产品加工副产物资源化利用率总体较低，大量副产物被随意丢弃或焚烧，造成资源浪费和环境污染。而科学的加工处理可以将这些副产物转化为优质饲料资源，实现资源的循环利用和价值最大化。此外，副产物饲料化利用能够减少环境污染，保护生态环境。传统养殖业对玉米、豆粕等传统饲料原料的高度依赖，加剧了农业面源污染。利用副产物替代部分传统饲料原料，可以减少化肥、农药的使用，从源头上降低农业面源污染。2021年我国秸秆饲料化

利用量达 1.32 亿 t，较 2018 年提高 3.7 个百分点，有效缓解了对传统饲料的需求，降低了环境压力。最后副产物饲料化利用是促进农业循环经济发展的有效模式，它将农业生产与加工环节紧密联系起来，形成"资源—产品—副产物—饲料—畜产品"的循环利用体系，实现资源的闭环利用，有助于构建资源节约型、环境友好型的农业生产体系，推动农业绿色可持续发展。

## 二、保障饲料粮安全，促进畜牧业可持续发展

在全球人口增长和资源环境约束日益加剧的背景下，保障饲料粮安全、促进畜牧业可持续发展成为各国面临的共同挑战。据联合国粮食及农业组织（Food and Agriculture Organization of the United Nations，FAO）预测，到 2050 年，全球粮食产量须增加 60% 以上才能满足人口增长的需求。我国作为人口大国，人均耕地资源仅为世界平均水平的 40%，饲料粮供需矛盾尤为突出。据国家统计局统计，2022 年我国玉米、豆粕进口量分别突破 2 000 万 t 和 9 100 万 t，对外依存度过高，严重威胁着我国的粮食安全。发展农产品加工副产物饲料化利用，是缓解饲料粮供需矛盾、降低养殖成本、提升畜产品品质的有效方案，对于保障国家粮食安全、推动畜牧业高质量发展具有重要意义（浦华等，2023）。首先，发展副产物饲料化利用是保障国家粮食安全的有效手段。长期以来，我国畜牧业发展高度依赖玉米、豆粕等传统饲料原料，对有限的耕地资源造成巨大压力。据测算，每生产 1t 玉米须消耗约 600m$^3$ 的水资源，排放约 2.5t 二氧化碳。而我国农产品加工副产物资源丰富，例如，我国每年产生约 9 亿 t 秸秆、3 亿 t 糠麸类副产物，如果能够充分利用，相当于每年可新增约 1 亿亩耕地的粮食产量，可替代 30% 的饲用玉米和 20% 的饲用豆粕。这些副产物经过科学处理后，可以转化为优质的能量饲料和蛋白质饲料，从而缓解饲料粮供需矛盾，将有限的耕地资源更多地用于保障人类的食物供应，筑牢国家粮食安全防线。其次，发展副产物饲料化利用可以很好地实现降本增效

效果。与传统饲料原料相比，副产物饲料来源广泛，价格相对低廉，在保障饲料营养价值的同时，可以有效降低饲养成本，提高养殖经济效益，增加农民收入，促进畜牧业的健康可持续发展。研究表明，利用玉米秸秆、小麦麸皮等副产物替代部分玉米、豆粕，可以使饲料成本降低15%~25%，经济效益提升明显。最后，发展副产物饲料化利用还有助于改善饲料结构，提升畜产品品质。部分农产品加工副产物富含粗纤维、维生素、矿物质等营养成分，如甜菜粕富含糖蜜，适口性好；柑橘皮渣富含芳香物质，可以改善肉质香味；芒果皮核副产物富含淀粉源糖源，可有效替代部分玉米，且适口性好。在饲料配方中添加适量的副产物，可以平衡饲料营养结构，提高饲料的适口性和消化吸收率，增强畜禽的免疫力和抗病能力，进而改善畜产品品质，满足消费者对安全、优质畜产品的需求。

### 三、促进农民增收致富，推动乡村振兴

发展农产品加工副产物饲料化利用，可有效支撑地源性副产物变废为宝，拓宽农民收入来源，为农民增收致富、推动乡村振兴注入强劲动力。我国每年产生数亿吨的农作物秸秆、糠麸类副产物，蕴藏着巨大的经济价值。

以河北省衡水市安平县为例，当地拥有近50万亩耕地，每年可收集秸秆约21万t（霍丽丽等，2019）。为了将这些"废物"转化为宝贵资源，河北京安生物能源科技股份有限公司积极探索，通过实施热电联产项目，将秸秆燃烧发电并网，同时利用余热为居民供热，满足了当地3万户居民用电和2.5万户居民冬季采暖需求。此外，该公司还建立"公司+合作社"秸秆机械化收集体系，带动5 000户农民参与秸秆收集、加工、储存、运输、销售，使全县秸秆综合利用率达到96%以上，新增产值1.2亿元，成为农民收入新的增长点。

以百色市为例，芒果种植总面积超过130万亩，年产鲜果超

90万t。当地芒果经深加工后，会产生占果实总重60%的副产物，其中芒果皮占副产物总重的12%，芒果核占副产物总重的20%（万荣等，2022）。这些副产物大多被贱卖或作废弃物填埋，极易腐败酸化导致环境污染，造成资源浪费等问题。按其鲜果产量测算，副产芒果皮核原料30.08万t，如对其进行饲料化开发利用，直接经济价值可达6.32亿元（以100元/t芒果皮核原料市场收购价；以1t芒果皮核原料开发转化成2t生物饲料；1 000元/t芒果皮核生物饲料市场价测算。芒果皮核饲料化开发深加工新产业的综合经济价值远超此数）。

因此，发展副产物饲料化利用，不仅能够提高资源利用效率，还能创造经济效益、增加就业岗位、促进农民增收，是实现乡村振兴的重要抓手。

## 四、改善畜禽产品质量，保障食品安全

农产品加工副产物饲料化利用，不仅是提高资源利用效率的重要途径，也是改善畜禽产品质量，保障食品安全的有效手段，符合农业资源高效循环利用和畜牧业可持续发展的方向。大量研究表明，许多农产品加工副产物蕴藏着丰富的营养物质，合理利用可以显著提升畜禽产品品质。以玉米淀粉加工的副产物玉米蛋白粉为例，其不仅蛋白质含量高，更富含叶黄素和玉米黄质等天然色素，对改善动物毛色和产品着色具有显著效果。相关研究表明，玉米蛋白粉中的叶黄素含量为玉米的15~20倍，将其添加到饲料中，能够有效沉积于动物体内，提升产品色泽。如在黄颡鱼饲料中添加玉米蛋白粉，可显著提高鱼体黄色色泽深度，且随着添加量的增加，鱼皮肤中总类胡萝卜素和叶黄素的沉积量也随之增大（朱磊等，2014）。同时，通过科学规范的加工处理，如采用生物发酵技术降解棉粕中的棉酚，利用膨化、制粒等热处理工艺去除花生粕中的AFB等，可有效控制副产物饲料中的有害物质残留，保障饲料安全，从源头上保障畜禽产品质量安全。

# 参考文献

顾珂珂, 成俊林, 何贝贝, 等, 2023. 玉米加工副产物饲用价值提升技术研究进展 [J]. 饲料研究, 46 (21): 170-174.

郭昭君, 2021. 浅谈秸秆饲料在农业生态资源中的应用现状与价值 [J]. 中国饲料 (19): 133-136.

霍丽丽, 赵立欣, 孟海波, 等, 2019. 中国农作物秸秆综合利用潜力研究 [J]. 农业工程学报, 35 (13): 218-224.

江小帆, 杨发荣, 魏玉明, 等, 2023. 藜麦副产物常规养分与抗营养因子的检测及饲用价值评价 [J]. 草业科学, 40 (3): 806-814.

李得发, 邵长芬, 2024. 全国饲料产业区域时空变化及发展策略 [J]. 中国畜牧业 (3): 31-33.

李建科, 孟永宏, 刘柳, 等, 2021. 我国食品工业副产物资源化利用现状 [J]. 食品科学技术学报, 39 (6): 1-13.

李芊芊, 简耀威, 宋勇, 等, 2023. 木薯及其副产物的饲用价值及在反刍动物生产中应用的研究进展 [J]. 动物营养学报, 35 (10): 6176-6187.

刘军义, 韦刚, 吕春秋, 等, 2016. 乳酸菌资源化利用农副产品废渣生产饲料添加剂的研究 [J]. 饲料研究 (16): 44-49.

刘依莎, 许迟, 吴仙花, 等, 2023. 发酵农副产品在反刍动物生产中的应用 [J]. 中国畜牧兽医, 50 (12): 4816-4825.

彭琳琳, 陈勇, 王升平, 等, 2024. 水稻加工副产物的饲料资源化利用研究进展 [J/OL]. 饲料研究 (11): 143-147 [2024-06-21].

浦华, 杨静, 王永伟, 等, 2023. 保障国家粮食安全的蛋白替代战略构想 [J]. 中国工程科学, 25 (4): 149-157.

万荣, 农斯伟, 杨郑州, 等, 2022. 芒果皮核生物学功能及其在动物养殖中的应用研究进展 [J]. 饲料研究, 45 (8): 147-149.

王婷, 王传奇, 张晶, 2024. 非常规饲料原料大麦在饲料中的应用 [J]. 中国兽医学报, 44 (2): 432-436.

王玉, 腾敏, 孟勇, 等, 2024. 酶制剂在稻谷及其加工副产物饲粮中的应用 [J]. 中国饲料 (9): 143-149.

吴永康, 张睿, 吴超, 等, 2024. 马铃薯食品加工及副产物资源化利用研究进展 [J]. 黑龙江粮食 (4): 91-93.

许宇轩, 强凤娇, 2024. 中国饲料产业发展与养殖业规模耦合格局及驱动因素研究 [J]. 湖北农业科学, 63 (1): 125-130, 250.

杨婷婷, 2015. 年产10 000 t 农副产物发酵饲料工厂设计 [D]. 南昌: 南昌大学.

杨兴泽, 2024. 农副产物型饲料对肉牛羊生长性能及瘤胃内环境的影响 [D]. 南宁: 广西大学.

朱磊, 叶元土, 蔡春芳, 等, 2014. 膨化饲料中玉米蛋白粉对黄颡鱼生长的影响 [J]. 中国粮油学报, 29 (5): 84-89.

宗成, 吴金鑫, 朱九刚, 等, 2022. 添加剂对农副产物和小麦秸秆混合青贮发酵品质的影响 [J]. 中国农业科学, 55 (5): 1037-1046.

# 第二章　农产品加工副产物饲料的营养价值评定

农副产品饲料作为饲料资源的重要组成部分，其营养价值评定是实现其饲料化利用和保障动物健康生产的关键环节（肖晴睿等，2024）。全面系统的评定体系涵盖多方面内容：首先，常规营养成分分析是基础，通过测定水分、粗蛋白质、粗脂肪、粗纤维、矿物质和维生素等指标，建立基础营养数据库（李荣佳等，2022），具体计算方式如表2-1所示；其次，抗营养因子和潜在毒素分析不可忽视，如豆粕中的胰蛋白酶抑制剂、菜籽粕中的芥酸和棉粕中的棉酚等，须评估其对动物的潜在危害，并制订相应的脱毒方案（张璐瑶等，2024）；再次，体外消化率和体内代谢试验是评估饲料营养价值的重要手段，可以更准确地反映动物对营养物质的消化吸收利用情况；最后，结合饲料数据库和营养价值评定软件，对各项指标进行综合分析，制定科学合理的饲料配方，最终实现农副产品饲料资源的高效安全利用，推动畜牧业可持续健康发展。

## 第一节　常规营养成分分析

### 一、水分

水分含量是评价农副产品饲料品质的重要指标之一，直接影响其营养价值、储存稳定性及动物适口性。含于动植物细胞间，与细胞结合不紧密、容易挥发的水，称游离水或自由水；而与细胞内胶体物质紧密结合在一起、难以挥发的水，称结合水或束缚水。构成动植物体的这两种水分之和，称为总水分。高水分饲料不仅营养物质浓度低，易滋生霉菌，导致霉变变质，降低饲料利用率，还会影响动物采食量，进而影响其生产性能。因此，准确测定水分含量对制定科学合理的加工、储存方案及饲料配方设计至关重要。常用的水分测定方法包括烘箱干燥法、近红外光谱法等（赵星等，2024）。其中烘箱干燥法操作简便，成本低廉，应用最为广泛，但须注意控制烘干温度和时间，避免挥发性物质损失，影响测定结果准确性。具体测定方法为：将新鲜饲料样品切细，放置于饲料盘中，在60~70℃烘箱中烘3~4h，取出在空气中冷却30min，再同样烘干1h，取出，待两次称重相差小于0.05g时，所失重量即为游离水，此时样品变为风干样。测定游离水后的饲料或经自然风干的饲料，放入称量皿中，在（105±2）℃烘箱内烘干2~3h后取出，放入干燥器中冷却30min，再重复烘干1h，待两次称重相差小于0.002g时，即为恒重，失去的重量为结合水。在实际应用中，应根据不同饲料特性、仪器设备条件及精度要求选择合适的测定方法，并严格遵循相关标准操作规程，确保测定结果的准确可靠，为农副产品饲料的高效利用提供科学依据。

## 二、粗蛋白质

粗蛋白质含量是评价农副产品饲料营养价值的核心指标之一，反映饲料中氮源物质的总量，是动物合成机体蛋白质、维持正常生理功能的物质基础（袁建敏等，2024）。然而，常规的凯氏定氮法测定粗蛋白质含量存在一定局限性，其结果不仅包含真蛋白质，还包括非蛋白氮化合物，如游离氨基酸、酰胺、氨等，可能导致对饲料营养价值的高估。常用的蛋白质测定原理为：各种饲料的有机物质在催化剂（如硫酸铜或硒粉）的帮助下，用浓硫酸进行消化，使蛋白质和氨态氮（一定条件下也包括硝酸态氮）都转变成氨气，并被浓硫酸吸收变为硫酸铵；而非含氮物质，则以二氧化碳、水、二氧化硫的气体状态逸出。然后消化液在强碱的作用下进行蒸馏，释放出氨气，通过蒸馏，氨气随水蒸气顺着冷凝管流入硼酸吸收液中，并与之结合为硼酸胺。接着以甲基红—溴甲酚绿作为混合指示剂，用盐酸标准滴定溶液滴定，求出氮的含量，再乘以一定的换算系数（通常用6.25），得出样品中蛋白质的含量。为更准确评估农副产品饲料中蛋白质营养价值，建议结合氨基酸分析、可消化蛋白质含量等指标进行综合评价，并根据不同动物的营养需求和饲料原料特点，制定精准的饲料配方，实现营养物质的高效利用，促进畜牧业生产效益最大化。

### 三、粗脂肪

粗脂肪含量是评价农副产品饲料能量价值的重要指标之一，在常规饲料分析中，通常是将试样放于特制的仪器中，用脂溶性溶剂（乙醚、石油醚、氯仿等）反复抽提，从而把脂肪抽提出来。粗脂肪中除真脂肪外，还含有其他溶于乙醚的有机物质，如类脂、叶绿素、胡萝卜素、蜡及脂溶性维生素等物质，故称粗脂肪或乙醚浸出物。常规的测量方法如下。

（1）打开脂肪测定仪恒温加热装置，控制工作温度为75℃。

（2）称取2g左右的样品（准确至0.000 2g），放入滤纸桶中烘干。

（3）用套筒夹将滤纸桶装入浸提冷凝管。

（4）称量浸提杯的质量，然后加入约50mL无水乙醚。放于仪器加热板上，扳下冷凝管提升机构使浸提杯与冷凝管连接好。

（5）接通冷凝水，将滤纸桶置于"沸腾"位置。

（6）无水乙醚沸腾15min或30min（依样品含油量而异）后，将滤纸桶提升到"冲洗"位置，冲洗30min或45min。

（7）冲洗结束后，关闭冷凝管旋塞阀，回收乙醚。

（8）松开提升机构，取下浸提杯，放入烘箱烘干，并在干燥器中冷却浸提杯，称重。但常规的索氏提取法测定的粗脂肪含量仅能反映饲料中脂溶性物质的总量,并不能准确代表其可利用能值。这是由于粗脂肪中除脂肪酸甘油酯外,还包含磷脂、色素、蜡质、脂溶性维生素等物质,而这些物质的消化吸收利用率与脂肪酸甘油酯存在差异(万何平等,2022)。此外,不同来源的农副产品饲料,其脂肪酸组成、饱和度、脂肪酸链长度等方面存在较大差异,进而影响脂肪的消化代谢效率及动物生产性能。因此,为更全面地评估农副产品饲料中脂肪的营养价值,建议结合脂肪酸组成分析、脂肪消化率测定等指标进行综合评价,并根据不同动物的生理阶段和生产目的,制定精准的饲料配方,以提高饲料能量利用效率,降低饲料成本,促进动物健康生长。

## 四、粗纤维

粗纤维是评价农副产品饲料品质的重要指标之一,反映了饲料中难被单胃动物消化利用的结构性碳水化合物总量,主要包括纤维素、半纤维素、木质素等成分。纤维素是高分子化合物,不溶于水和任何有机浴剂。在稀酸和稀碱中也相当稳定,但与硫酸或盐酸共热时可水解为 $\alpha$-葡萄糖。将饲料样品经1.25%稀酸、稀碱各煮沸30min后,再用乙醇除去醇可溶物,经高温灼烧扣除矿物质的量,所余量称为粗纤维的量。它不是一个化学实体,只是在公认强制规定的条件下,测出的概略养分。测定方法如下。

(1) 称取1g左右试样,准确至0.000 2g,装入已知质量的滤袋,封口,平放于样品架上。

(2) 将样品架置于分析仪的消煮容器中,加入1 900~2 000 mL室温硫酸溶液,密封,酸消化45min。

(3) 排废液,加1 900~2 000mL热水,清洗3~5min。重复2次。

(4) 加入1 900~2 000 mL室温碱溶液,密封,碱消化45min。重复(3)操作。

(5) 将样品取出,将滤袋中水分轻轻挤掉。然后将滤袋置于干净烧杯中，加入丙酮，浸没滤袋，2~3min 后取出，轻轻挤掉丙酮，于通风橱内晾干。

（6）105℃烘箱中烘干 2~3h，冷却，称重。

（7）将滤袋置于已知质量的坩埚中，在电炉上炭化至无烟。然后转移到高温电炉中 550℃灰化 2h。冷却，称重。

然而，传统的酸碱消煮法测定的粗纤维含量往往偏低，难以准确反映饲料的真实消化利用率。这是因为在酸碱处理过程中，部分半纤维素和木质素会被降解损失，导致测定结果低于实际值（张丽娜等，2023）。为了更准确地评估饲料中不同纤维组分的含量和消化特性，中性洗涤纤维（Neutral Detergent Fibre，NDF）和酸性洗涤纤维（Acid Detergent Fiber，ADF）的概念应运而生。NDF 主要包括纤维素、半纤维素和木质素，更接近于植物细胞壁的真实组成，能反映饲料的体积大小和潜在采食量；而 ADF 主要包括纤维素和木质素，与饲料的消化率密切相关，ADF 含量越高，饲料消化率越低。因此，在进行农副产品饲料的营养价值评定时，建议结合 NDF、ADF 等指标，更全面地了解其纤维组分和消化特性，并根据不同动物的消化生理特点和生产需求，制定科学合理的饲料配方，以提高饲料利用效率，促进动物健康生长，提高养殖效益。

## 五、粗灰分

粗灰分作为评价农副产品饲料矿物质含量的重要指标，其测定结果仅能反映饲料中无机残留物的总量，并不能完全体现矿物质的营养价值，还会掩盖潜在的营养风险（赵永飞等，2024）。首先，粗灰分是饲料、动物组织和动物排泄物样品在 550~600℃高温炉中将所有的有机物质全部氧化后剩余的残渣。主要成分为矿物质氧化物或盐类等无机物质，有时还含有少量的泥沙。粗灰分测定无法区分不同矿物质的存在形态、化学结构及与其他营养素的相互作用，而这些因素都会影响矿物质的生物学效价。如有机态矿物质较无机态矿物质具有更高的生物学效价；植酸、草酸等抗营养因子会降低矿物质的吸收利用率。其次，高粗灰分含量会导致饲料中存在较多的泥沙等杂质，不仅稀释了营养浓度，还会带来潜在的健康风险。此外，重金属元素也会被计入粗灰分，因此，需要严格控制砷、铅、镉等有害元素的含量，确保饲料的安全性。具体测定方法如下。

（1）将坩埚和盖一起放入高温炉中，于（550±20）℃下灼烧30min，取出，在空气中冷却约1min，放入干燥器中冷却30min，称重。再重复灼烧，冷却、称重，直至两次称重质量之差小于0.0005g为恒重。

（2）在已知质量的坩埚中称取2~5g试样（灰分质量应在0.05g以上），在电炉上低温炭化至无烟为止。

（3）炭化后将坩埚移入高温炉中，在（550±20）℃下灼烧3h，取出，在空气中冷却约1min，放入干燥器中冷却30min，称重。再同样灼烧1h，冷却、称重，直至2次称重质量之差小于0.001g为恒重。

制定精准的饲料配方，须综合考虑动物的种类、生理阶段、生产目的及饲料原料的矿物质含量和生物学效价等因素，并根据实际情况选择合适的矿物质添加剂，科学调控矿物质的添加量，以满足动物需求，避免过量或不足带来的负面影响。

### 六、无氮浸出物

无氮浸出物主要指的是易于被动物利用的淀粉、双糖、单糖等可溶性碳水化合物。常用饲料中无氮浸出物含量一般在50%以上，特别是植物籽实和块根（块根饲料中含量高达70%~85%）。饲料中无氮浸出物含量高，适口性好，消化率高，是动物能量的主要来源。但动物性饲料中无氮浸出物含量很少。另外，还包含水溶性维生素等其他成分。常规饲料分析不能直接分析饲料中无氮浸出物，而是通过相差计算法而求得。

## 七、矿物质元素

尽管矿物质元素在农副产品饲料中含量相对较低，但其作为多种关键酶的辅因子及生物活性物质的组成成分，对动物的生长发育、代谢调控、免疫防御等生理过程发挥着至关重要的作用。区别于仅能反映矿物质总量的粗灰分测定，深入解析矿物质营养价值，须明确钙、磷等常量元素以及铁、锌、铜、锰、硒等微量元素的种类、含量及比例。然而，鉴于矿物质元素并非孤立存在，其生物学效价受元素间相互作用、化学形态、抗营养因子等多重因素影响，故评估农副产品饲料矿物质营养价值，须整合原料属性、加工方式、储存条件等多维信息，综合考量矿物质元素含量、生物学效价及潜在的抗营养因子影响，方能制定科学合理的饲料配方，精准满足动物需求，促进其健康生长，提高养殖效益。

## 八、氨基酸含量

农副产品饲料氨基酸营养价值评定需超越单纯的含量测定，深入到氨基酸的消化吸收、代谢利用及潜在的抗营养因子影响等多维度考量，方能精准评估，实现饲料资源的高效利用。受蛋白种类和结构差异影响，不同来源农副产品氨基酸消化率差异显著，须结合体外模拟消化、动物体内试验等方法评估可消化氨基酸含量（龙辛宇，2024）。此外，氨基酸间相互作用、热加工及储存条件等均能影响其生物学效价。例如，赖氨酸和精氨酸比例影响其吸收效率；美拉德反应则降低氨基酸利用率。因此，构建精准的氨基酸营养价值评估模型，须整合多学科技术手段，建立涵盖氨基酸含量、消化率、生物学效价及抗营养因子影响等多维度的综合数据库，为制定科学合理的饲料配方、实现精准营养、促进畜牧业可持续发展提供数据支撑。

表 2-1 常规营养成分含量计算

| 成分含量 | 计算方法 | 计算公式 |
| --- | --- | --- |
| 水分 | 烘箱干燥法 | 水分含量（%）=［（样品鲜重-样品干重）/样品鲜重］×100 |
| 粗蛋白质 | 凯氏定氮法 | 粗蛋白质含量（%）= 氮含量（%）× 蛋白质换算系数（通常为 6.25 或特定蛋白质换算系数） |
| 粗脂肪 | 索氏提取法 | 粗脂肪含量（%）=［（乙醚提取物重-空白乙醚重）/样品重］×100 |
| 粗纤维 | 酸碱消煮法 | 粗纤维含量（%）=（样品残渣重-灰分重）/样品重×100 |
| NDF | 洗涤纤维分析法 | 中性洗涤纤维含量（NDF/%）=（NDF 残渣重-NDF 空白残渣重）/样品干重×100 |
| ADF | | 酸性洗涤纤维含量（ADF/%）=（ADF 残渣重-ADF 空白残渣重）/样品干重×100 |
| 粗灰分 | 高温灼烧法 | 粗灰分含量（%）=（灼烧残渣重/样品重）×100 |
| 无氮浸出物含量 | 计算法 | 无氮浸出物含量（%）= 100% -水分含量（%）-粗蛋白含量（%）-粗脂肪含量（%）-粗纤维含量（%）-粗灰分含量（%） |

## 第二节　抗营养因子及毒素分析

农副产品饲料的营养价值评定，抗营养因子及毒素分析是不可或缺的关键环节。该环节须超越单纯的定性或定量分析，深入到其结构功能、作用机制及对动物机体的影响等多维度研究。如针对大豆中普遍存在的胰蛋白酶抑制剂，须明确其亚基组成、活性位点及与动物体内消化酶的结合方式，方能制定精准的钝化方案，提高蛋白质的消化利用率。此外，还须关注不同抗营养因子和毒素的协同或拮抗作用，以及加工处理过程中可能发生的结构转化和毒性变化。例如，美拉德反应不仅降低氨基酸利用率，还可能产生新的致突变物质。因此，须整合蛋白质组学、代谢组学等多组学技术手段，建立系统、科学的风险评估体系，并在此基础上，研发高效、环保的脱毒技术，保障饲料安全，促进动物健康，最终推动畜牧业生产的可持续发展。

## 一、常见抗营养因子

### （一）蛋白质类抗营养因子

农副产品饲料中广泛存在的蛋白质类抗营养因子，是影响其营养价值评定的重要因素之一。明确这些抗营养因子的种类和作用机制，是科学评估农副产品饲料营养价值、制定合理饲喂方案的前提。根据其作用机制可分为以下几类。

（1）蛋白酶抑制剂：这类抗营养因子通过抑制动物消化道内蛋白酶的活性，阻碍蛋白质的降解和吸收。其中，胰蛋白酶抑制剂主要抑制胰蛋白酶活性，而双向蛋白酶抑制剂则同时抑制胰蛋白酶和糜蛋白酶活性，对蛋白质消化产生更强的抑制作用（赵海龙等，2018）。

（2）凝集素：这类抗营养因子能够与肠道黏膜上皮细胞表面的糖蛋白特异性结合，影响肠道结构和功能完整性，干扰营养物质的消化吸收，甚至引发肠道炎症反应。

（3）植物血凝素：这类抗营养因子能够选择性地结合红细胞表面受体，导致红细胞凝集，影响血液循环，严重时甚至危及生命。

（4）抗维生素因子：这类抗营养因子通过与维生素结合，抑制维生素活性，间接影响动物机体的正常生理功能，导致维生素缺乏症。因此，在进行农副产品饲料营养价值评定时，必须充分考虑这些抗营养因子的存在，并结合现代生物技术手段，制定有效的脱毒方案，才能最大限度地发挥农副产品饲料的营养价值，保障动物健康生长和畜牧业生产的可持续发展。

### （二）非蛋白类抗营养因子

农副产品饲料资源丰富，价格低廉，但其非蛋白类抗营养因子对动物健康和生产性能的影响亦不容忽视,对其进行深入研究和有效控制是实现其价值最大化的关键。根据其化学性质和作用机制,可将这些非蛋白类抗营养因子分为以下几类。

(1) 有机酸类:以植酸为代表,其肌醇环上的多个磷酸基团赋予其强大的螯合能力,不仅影响磷的利用,还会与钙、铁、锌等金属离子及蛋白质、消化酶等发生结合,降低其生物学活性,影响动物生长发育。

(2) 糖类:以葡糖异构酶抑制剂为代表,这类物质能够抑制肠道内 α-葡萄糖苷酶的活性,阻碍淀粉类物质的消化分解,降低能量利用率,并可能对肠道菌群组成和机体糖脂代谢产生影响。

(3) 酚类化合物:以单宁为代表,其多酚结构使其能够与蛋白质、多糖、金属离子等发生多种形式的结合,影响范围广泛,包括降低适口性、干扰营养物质消化吸收、影响内分泌系统功能等。

(4) 其他类:包括芥子苷、皂苷、氰化物、硫代葡萄糖苷等。芥子苷及其代谢产物异硫氰酸酯具有辛辣味,影响适口性,并可能干扰甲状腺素的合成;皂苷能够破坏红细胞膜,引起溶血,并对消化道产生刺激作用;氰化物和硫代葡萄糖苷则具有较强的毒性,对动物健康构成严重威胁(魏瑞芝等,2023)。因此,在进行农副产品饲料营养价值评定时,必须对其进行全面、系统、深入的分析,并结合物理、化学、生物等多种手段,开发高效、环保、安全的脱毒技术,才能充分发挥农副产品饲料的营养价值,保障动物健康生长和畜牧业生产的可持续发展。

## 二、饲料中的真菌毒素

农副产品饲料的营养价值评定,不能忽视真菌毒素这类非蛋白类抗营养因子的潜在威胁。真菌毒素是丝状真菌在特定环境条件下产生的次级代谢产物,具有显著的生物毒性,可通过饲料进入动物体内,引发多种毒性反应,严重影响动物健康和畜产品安全,造成巨大的经济损失(李晓利,2024)。常见的几种真菌毒素如下。

(1) 黄曲霉毒素 (Aflatoxin, AFB): 主要由黄曲霉和寄生曲霉产生,其中以黄曲霉毒素 $B_1$ ($AFB_1$) 毒性最强,被国际癌症研究机构 (International Agency for Research on Cancer, IARC) 列为 I 类致癌物。$AFB_1$ 主要靶向肝脏,可诱导肝细胞 DNA 损伤、基因突变,导致肝细胞坏死、肝硬化,甚至肝癌。此外,$AFB_1$ 还可抑制免疫功能,降低动物对病原微生物的抵抗力。

(2) 玉米赤霉烯酮 (Zearalenone, ZEN): 主要由镰刀菌属真菌产生,具有与雌激素相似的分子结构,可与动物体内雌激素受体结合,产生雌激素样作用,扰乱内分泌系统平衡。ZEN 主要影响母畜繁殖性能,会导致假发情、阴道炎、流产、死胎、畸形等。

(3) 呕吐毒素 (Deoxynivalenol, DON): 主要由禾谷镰刀菌产生,又称脱氧雪腐镰刀菌烯醇。DON 可抑制蛋白质合成,引发细胞凋亡,导致动物拒食、呕吐、腹泻等急性中毒症状。长期摄入 DON 会损伤肠道黏膜,影响营养物质吸收,并抑制免疫功能,增加动物对病原的易感性。

(4) T-2 毒素: 主要由多种镰刀菌产生,是一种强烈的细胞毒素,可抑制 DNA、RNA 和蛋白质合成,导致细胞凋亡和组织坏死。T-2 毒素主要损伤口腔和消化道黏膜,引起采食量下降、呕吐、腹泻等症状,并抑制免疫功能,影响动物健康。

(5) 烟曲霉毒素 (Ochratoxin, OTA): 主要由烟曲霉产生,其中以赭曲霉毒素 A (OTA) 最为常见。OTA 具有较强的肾毒性,可导致肾小管损伤、肾小球萎缩,引发肾功能衰竭。此外,OTA 还可干扰钙磷代谢,影响骨骼发育,并具有致畸、致癌、致突变作用。

综上所述,真菌毒素对动物健康和畜牧业生产构成严重威胁,在农副产品饲料的营养价值评定中,必须对其进行全面、严格的风险评估,并采取有效的防控措施,才能保障饲料安全和动物健康,促进畜牧业健康可持续发展。

# 第三节 农产品加工副产物饲料生物学评定方法

农副产品饲料作为一种潜在的替代性饲料资源，对其进行科学、系统的营养价值评定至关重要。生物学评定方法涵盖体外消化试验和体内代谢试验，为全面评估其营养价值提供了有效手段（姜菲等，2023）。体外消化试验基于模拟动物消化道的体外模型，能够快速测定饲料的消化率、产气特征以及营养物质释放规律，具有高通量、低成本等优势，适用于饲料的初步筛选和营养价值的快速评估。常用模型包括人工瘤胃系统、体外产气系统、瘤胃模拟发酵系统以及针对单胃动物的体外消化模型。体内代谢试验则通过动物试验，测定饲料的消化吸收、代谢利用等指标，真实反映饲料在动物体内的营养价值。常用的方法包括全收粪法、指示剂法、尼龙袋法，并结合氮平衡试验、能量代谢试验等，全面评估饲料的营养效价。将体外消化技术与体内代谢试验相结合，利用体外试验进行快速筛选，结合体内试验进行验证，是提高农副产品饲料营养价值评定效率和准确性的有效策略，为饲料资源的高效利用和精准饲喂提供科学依据。

## 一、体外代谢试验

### （一）反刍动物体外消化模型

体外消化技术为反刍动物饲料营养价值评估提供了高效、可控的研究手段。针对反刍动物瘤胃消化特点，已发展出多种体外消化模型，用于模拟瘤胃环境和消化过程。常见类型如下。

（1）人工瘤胃法：模拟瘤胃静态发酵环境，测定饲料经人工瘤胃液消化后的残渣量，计算干物质消化率和有机物质消化率等指标，为评价粗饲料营养价值提供快速、初步的评估（姜菲等，2023）。该方法可用于比较不同品种粗饲料的体外消化率差异，为粗饲料的精准利用提供参考。

（2）体外发酵产气法：通过测定饲料体外瘤胃发酵过程中气体生成量、产气速率、滞后期等指标，间接反映瘤胃微生物活性、发酵底物可利用性及发酵模式等信息。该方法可用于评估不同青贮技术对全株玉米青贮发酵品质的影响，为青贮技术优化提供理论依据。

（3）瘤胃模拟发酵系统：作为一种动态体外消化模型，该系统能够连续培养瘤胃微生物，并模拟瘤胃的动态消化过程，更准确地反映饲料在瘤胃内的消化代谢规律。该系统可用于研究饲料对瘤胃发酵参数（如挥发性脂肪酸、氨态氮、微生物蛋白合成等）、微生物群落结构及营养物质消化动力学的影响，为深入解析饲料营养价值、优化日粮配方提供更为全面、可靠的数据支持。

**（二）单胃动物体外消化模型**

1. 猪体外消化模型

猪体外消化模型依据模拟消化过程的复杂程度，可分为以下三类。

（1）单阶段模型：主要模拟小肠消化阶段，采用统一的缓冲体系和消化酶，如 pH 值 6.8 的磷酸缓冲液和胰酶-胆盐混合酶解体系，测定饲料在该体系下的消化率，评估饲料的整体消化性能。该模型操作简便、快速，适用于大规模饲料样品的初步筛选和比较。

（2）两阶段模型：模拟胃和小肠两个主要消化阶段，通常先采用胃蛋白酶在酸性环境下（pH 值 2.0 左右）进行酶解，模拟胃消化过程，然后再加入胰酶、胆盐等，调节 pH 至中性（pH 值 6.8 左右），模拟小肠消化过程。通过测定不同阶段的消化产物，可以分别评估饲料在胃和小肠中的消化率，可用于比较不同来源蛋白质在胃和小肠中消化特性的差异，为饲料原料的选择提供参考（吴剑波，2021）。

（3）多阶段模型：在两阶段模型的基础上，进一步细化消化过程，如模拟口腔咀嚼、食糜排空等过程，并添加外源酶制剂

(如淀粉酶、纤维素酶等），以更精准地模拟猪体内消化环境。该模型更接近猪体内真实消化过程，可用于研究饲料的消化动力学、营养物质释放规律等，可用于评估不同加工工艺对饲料消化特性的影响，为饲料加工工艺的优化提供理论依据。

2. 禽类体外消化模型

禽类体外消化模型作为模拟禽类消化道生理环境、评估饲料营养价值的重要手段，在禽类营养研究中发挥着不可替代的作用（梅学文等，2016）。依据模拟消化器官和消化过程的侧重点不同，禽类体外消化模型可分为以下三类。

(1) 嗉囊-肌胃-小肠三段式模型：该模型旨在全面模拟禽类嗉囊、肌胃和小肠的消化过程，采用分段酶解的方式，并模拟各消化器官的特定环境条件。例如，在模拟嗉囊阶段，采用含少量淀粉酶的缓冲液，模拟嗉囊的润湿、软化作用；在模拟肌胃阶段，加入胃蛋白酶、砂砾以及酸性缓冲液，模拟肌胃的机械消化和初步的蛋白质降解；在模拟小肠阶段，加入胰酶、胆盐以及弱碱性缓冲液，模拟小肠对营养物质的消化吸收。通过测定各阶段消化产物，可以系统评估饲料在不同消化器官中的消化程度，可用于比较不同谷实类原料副产物在禽类消化道中的消化特性差异，为饲料原料的选择提供参考。

(2) 肌胃-小肠两段式模型：该模型主要模拟饲料在肌胃研磨和小肠消化过程中的营养物质释放，常用于快速评估饲料的代谢能、氨基酸消化率等指标。与三段式模型相比，该模型省略了嗉囊阶段，操作更为简便，适用于大规模样品的快速筛选和评估。

(3) 针对特定营养物质的模型：这类模型针对特定营养物质的消化特性，采用特定的酶解体系和测定方法，以期更准确地评估目标营养物质的消化利用率。如针对磷的体外消化模型，会在模拟小肠消化阶段添加植酸酶等外源酶，以模拟植酸磷的消化利用过程，从而更准确地评估不同饲料原料中磷的有效性，为优化饲料中磷的添加量提供参考。

## 二、动物体内代谢试验

### (一) 常用代谢试验方法

动物体内代谢试验是定量研究动物对营养物质消化、吸收和利用规律的重要手段，其测定结果对制定科学合理的饲养标准、优化饲料配方、提高饲料利用效率至关重要（杨永磊，2024）。常用的体内代谢试验方法主要包括全收粪法、强饲法、指示剂法和尼龙袋法等，每种方法各有其特点及适用范围。具体特点如下。

（1）全收粪法：作为最传统的消化率测定方法，通过连续收集动物一定时间内的全部粪便，测定饲料和粪便中营养物质的含量，计算养分消化率。该方法操作简便，适用于各种动物和饲料，但费时费力，且易受动物个体差异和粪便收集不完全等因素影响，测定结果的准确性受限。

（2）强饲法：适用于无法准确测定采食量的动物，通过强制灌喂一定量的饲料，然后收集全部粪便进行分析，计算养分消化率。该方法可以排除动物挑食的影响，适用于消化率测定时间较短的试验，但应激较大，可能影响动物的正常消化生理，不适用于所有动物。

（3）指示剂法：利用不易被动物消化吸收的指示剂。常见指示剂包括：氧化铬、氧化铁、酸不溶灰分等，将其添加到饲料中作为标记物，通过测定饲料和粪便中指示剂的浓度，间接计算饲料的消化率。该方法无须收集全部粪便，操作相对简便，适用于各种动物和饲料，但需要选择合适的指示剂和准确的测定方法，才能保证结果的可靠性。

（4）尼龙袋法：主要用于测定饲料蛋白质在瘤胃中的降解率，将饲料样品装入一定规格孔径的尼龙袋中，置入瘤胃内一段时间后取出，分析尼龙袋中剩余饲料的蛋白质含量，计算降解率（富丽霞，2018）。该方法可以模拟瘤胃环境，更准确地反映饲料蛋白质在瘤胃内的降解情况，但操作较为复杂，结果受尼龙袋孔径、瘤胃环境等多种因素影响。

在实际生产中，可根据研究目的、动物种类、饲料特性等因素选择合适的代谢试验方法，才能获得准确可靠的试验数据，为动物营养研究和生产实践提供科学依据。

## （二）营养物质消化率、代谢率及平衡试验

动物体内代谢试验旨在定量研究动物对饲料营养物质的消化、吸收、利用和代谢规律，为动物营养研究提供重要数据支持。其中，消化率、代谢率和平衡试验是评估饲料营养价值和动物营养代谢状况的常用方法，它们之间既相互关联，又各有侧重，共同构成了动物营养研究的重要方法学体系（张泽楠，2016）。首先，消化率作为反映饲料营养价值的重要指标，指饲料中被动物消化道酶解并吸收的营养物质占摄入量的百分比。常用的消化率指标包括干物质消化率、粗蛋白质消化率、粗脂肪消化率、粗纤维消化率、无氮浸出物消化率等。消化率的测定方法主要有全收粪法、指示剂法等。影响消化率的因素包括动物因素（种类、年龄、生理状态等）和饲料因素（组成、加工方法等）。其次，代谢率是在消化率的基础上，进一步考虑了消化道气体（甲烷、氢气等）和尿氮损失，更准确地反映动物对营养物质的净利用效率。常用的代谢率指标包括代谢能、可消化蛋白质、可消化氨基酸等。代谢率的测定需要在代谢笼中进行，精确收集动物的粪便、尿液和呼出气体，并进行成分分析。代谢率的测定结果可用于评价饲料的能量价值和蛋白质价值，以及制定动物的能量和蛋白质需要量标准。最后，平衡试验侧重于研究动物体内特定营养物质的动态平衡，通过测定动物在一定时间内对特定营养物质的摄入量、排出量和沉积量，评估动物对该营养物质的吸收利用效率和代谢规律。常用的平衡试验包括氮平衡试验、钙磷平衡试验等。例如，氮平衡试验测定动物的氮摄入量和氮排出量（粪氮、尿氮），计算氮平衡值，反映机体蛋白质的沉积状况；钙磷平衡试验则测定动物对钙、磷的摄入量、排出量和沉积量，评估动物对钙磷的吸收利用效率，进而为制定精准的饲料

配方提供参考依据。

### (三) 体内代谢试验结果的校正与分析

动物体内代谢试验作为动物营养研究的重要手段,其结果的准确性直接关系到饲料营养价值评估和动物营养需要量制定的科学性。因此,对试验结果进行科学、严谨的校正和分析至关重要(于爽等,2021)。在体内代谢试验中,数据校正旨在消除系统误差对试验结果的影响,还原数据的真实性。主要包括以下方面。

(1) 适应期校正:试验动物在进入正式试验前需进行适应期饲喂,以消除前期饲粮对消化道微生物区系、酶活性等的影响,确保动物生理代谢状态的稳定性,从而减少试验误差。适应期的长短需根据动物种类、年龄、生理状态、试验目的等因素综合确定。

(2) 内源性物质校正:动物排泄物中除未消化的饲料残渣外,还包含消化道内源性物质,如消化道分泌物、脱落细胞、微生物及其代谢产物等。这些内源性物质的存在会干扰对饲料真实消化率和代谢率的评估,必须进行校正。常用的校正方法包括:空白组校正法、回归分析法和同位素标记法。

随后通过从试验数据中揭示数据规律,为试验结论提供可靠的证据。常用的数据分析方法包括以下两种。(1) 统计分析:运用统计学方法对校正后的数据进行分析,常用的方法包括方差分析、t检验等,以比较不同处理组之间消化率、代谢率或平衡试验指标的差异显著性,并评估试验结果的可靠性。(2) 综合分析:结合动物生产性能、健康状况、饲料成本等多方面因素,对试验结果进行综合分析,全面评估不同饲料或饲料配方的营养价值和经济效益,为优化饲料配方、提高养殖效益提供科学依据。

## 第四节 农产品加工副产物饲料数据库及营养价值评定软件

饲料数据库和营养价值评定软件是现代动物营养研究和饲料配

方技术的重要信息化工具，其应用有效提升了饲料资源利用效率和动物生产性能（熊本海等，2022）。饲料数据库作为信息化平台，整合了丰富的饲料营养成分数据、抗营养因子含量、消化率、代谢能等关键参数，涵盖了各种常规饲料原料、非常规饲料资源及饲料添加剂等，并提供便捷的数据查询、筛选、比较和分析功能，为饲料配方设计提供基础数据支撑。营养价值评定软件则基于动物营养学模型和算法，结合动物种类、生理阶段、生产性能目标及饲料原料的营养价值等参数，对饲料配方进行系统化分析，评估其营养水平、消化代谢特征及潜在的营养风险，并提供配方优化建议，例如调整饲料配比、优化氨基酸平衡、添加酶制剂或微生态制剂等，以提高饲料利用效率，降低饲料成本，最终实现精准饲养，促进动物健康生长和提高养殖效益，推动动物生产行业的健康可持续发展。

## 一、农产品加工副产物饲料数据库构建原则

### （一）数据全面性与代表性原则

农产品加工副产物饲料数据库的构建是实现其资源化利用和精准营养价值评定的基础，而数据全面性与代表性则是保障数据库应用价值的关键原则（马绍楠，2018）。在数据库构建过程中，须着重考虑以下两个方面。①农产品加工副产物种类覆盖度：数据库应尽可能涵盖目标区域内主要农产品加工副产物，并体现出多样性特征。数据库不能仅涵盖几种常见的玉米皮、麸皮等，而应尽可能囊括各类农产品加工副产物，如不同谷物加工副产物（米糠、麦麸等）、油料加工副产物（豆粕、菜籽粕等）、水果加工副产物（果渣、果皮等）等。并体现出地域性和加工工艺差异，如不同地区小麦麸皮的营养成分差异，及不同工艺处理（冷榨、热榨）对菜籽粕营养价值的影响等。②同类农产品加工副产物样本代表性：为准确反映目标区域内农副产品资源的营养状况，避免单个或少量样本的偶然性误差，须对同类农副产品进行多样采集和分析。如收集不同厂家、不同批次的豆粕样品，才能确保数据的代表性，真实

反映农产品加工副产物饲料资源的营养状况,为精准评估其营养价值、设计科学合理的饲料配方提供可靠的数据基础。

**(二) 数据准确性与可靠性原则**

农产品加工副产物饲料数据库的构建,其数据准确性与可靠性是评价数据库质量的核心指标,直接决定其应用价值与推广前景。为确保数据库数据的精准可靠,须构建一套覆盖数据采集、分析、录入、存储、应用周期的质量控制体系(宋蓬,2015)。具体操作步骤分为以下几点:①从源头开始,严把数据质量关。在样品采集环节,要严格遵循随机抽样原则,确保样本具有代表性,并详细记录样品来源、采集时间、地点、方式等信息,保证数据的可追溯性。在样品处理和分析环节,采用国家标准方法,使用经过校准的仪器设备,并进行重复测定和空白试验,最大限度地减少系统误差和随机误差。②对数据来源进行严格审查,优先选用国家标准、行业标准或权威机构发布的数据。对于自行测定的数据,要详细记录实验方法、仪器设备、操作人员等信息,并进行数据质量评估,确保数据的准确性和可靠性。同时,要对数据库中的数据进行定期比对和验证,及时发现和修正错误数据,确保数据库的动态更新和持续优化。③建立数据备份和恢复机制,防止数据丢失或损坏。同时,要加强数据安全管理,设置访问权限,防止数据泄露或篡改,确保数据的安全性。

**(三) 数据库易用性与可扩展性原则**

农产品加工副产物饲料数据库的构建,数据易用性和可扩展性与其应用价值息息相关,是体现数据库生命力的重要指标。首先,数据库应以用户为中心,摒弃复杂的专业界面,构建简洁直观、易于操作的用户界面。确保用户可通过多种关键词组合(例如原料名称、动物种类、营养指标等)快速检索数据库,并能够根据自身需求进行结果排序、筛选和自定义视图。其次,除常规表格形式外,数据库还可提供图表、图像等可视化形式展示数据,增强数据的可读性和直观性，便于用户快速获取关键信息。同时数据库应提供详细的操作指南和帮助文档，并尽量减少操作步骤，降低用户使用门槛，实现非专业人士也能轻松上手。

## 二、营养价值评定软件实现精准营养评估

农产品加工副产物饲料资源的高效利用，离不开精准的营养价值评定。依托数据库开发的营养价值评定软件，通过整合多种评定模型及算法，为实现精准评估提供了模型工具（刘军彪等，2014）。针对不同畜禽种类及饲养目标，软件须选用适宜的评定模型，才能确保评估结果的精准性。以反刍动物为例，常用的评定模型如下。

（1）NRC模型：以净能体系为基础，根据动物的生理阶段和生产水平，预测其对能量、蛋白质、矿物质等营养物质的需求量，并结合饲料的化学成分和消化率等指标，计算饲料的净能值、可代谢蛋白等指标。该模型应用广泛，但其参数较为固定，难以准确反映不同饲料原料的差异。

（2）CNCPS模型：相较于NRC模型，CNCPS模型更为精细和复杂，它将瘤胃发酵和后肠消化过程区分开来，并考虑了不同饲料原料之间的相互作用，能够更准确地预测饲料的消化动态和营养物质供应。

而针对猪、禽等单胃动物，常用的评定模型如下。

（1）消化率测定法：通过测定饲料中营养物质的表观消化率或真消化率，评估饲料的消化利用率。

（2）养分回肠消化率校正法：考虑了内源性氮和氨基酸损失的影响，能更准确地反映饲料中蛋白质和氨基酸的消化利用率。

此外，一些新兴的评定技术，例如体外模拟消化技术、近红外光谱技术等，也逐渐应用于饲料营养价值评定，并可整合到软件中，进一步提高评估的效率和精度。

## 三、数据库与软件结合优化农产品加工副产物饲料利用

### (一) 数据驱动精准配方技术

数据驱动精准配方技术是将农产品加工副产物饲料数据库与营养价值评定软件深度融合的产物,它标志着饲料配方技术从"经验主导"向"数据驱动"的智能化转变。首先,通过构建包含丰富信息的农产品加工副产物饲料数据库,涵盖原料来源、营养成分、抗营养因子、加工方式等多维度数据,为精准配方提供坚实的物质基础。其次,集成不同动物品种、生理阶段、生产目标的营养需求标准,例如 NRC、中国饲养标准等,为配方制定提供科学依据。最后,软件整合线性规划、动态规划、遗传算法等多种配方优化算法,可根据用户设定的营养需求、成本控制、原料限制等多重目标,快速生成符合需求的最优配方。

### (二) 降低饲料成本

利用数据库与软件结合优化农产品副产物饲料,是实现降低饲料成本和环境污染的有效途径。其核心在于,通过精准的营养评估和配方优化,最大限度地发挥副产物饲料的营养价值,并减少资源浪费。数据库整合多种农产品副产物饲料的营养信息和市场价格,软件可根据目标动物的营养需求和成本约束,筛选出最具性价比的原料组合,替代部分传统饲料原料,降低配方成本。

### (三) 环境污染

首先,精准的配方可以根据动物的实际需求,精确调控饲料中蛋白质和磷的含量,避免过量摄入导致的氮、磷排泄增加,从而减少养殖废弃物对环境的污染。其次,数据库中包含副产物饲料的抗营养因子信息,软件可在配方过程中考虑这些因素,并通过合理的加工方法或添加剂来降低其负面影响,提高营养物质的消化吸收率,减少排泄量。精准配方实现的精准利用可将农产品加工副产物转化为优质饲料资源,既减少资源浪费,还可缓解环境污染,促进

农业循环经济发展。

# 参考文献

富丽霞, 2018. 肉羊常用精饲料代谢蛋白质预测模型的研究 [D]. 兰州: 甘肃农业大学.

姜菲, 高馨雨, 于星宇, 等, 2023. 体外法评定狼尾草属杂交牧草作为牦牛粗饲料的营养价值研究 [J]. 中国饲料 (3): 124-130.

李荣佳, 刘婕, 陈安琪, 等, 2022. 玉米不同器官的常规养分、总能和氨基酸含量的比较研究 [J]. 中国饲料 (17): 105-110.

李晓利, 2024. 饲料霉菌污染的危害及防控 [J]. 中国动物保健, 26 (4): 69-70.

刘军彪, 刘光磊, 董文超, 等, 2014. 奶牛饲料配方软件概述 [J]. 中国奶牛 (8): 54-57.

龙辛宇, 郭勇, 石勇, 等, 2024. 氨基酸微量元素螯合物对草鱼生长性能、血清生化指标及微量元素沉积的影响 [J]. 动物营养学报, 36 (3): 1806-1818.

马绍楠, 2018. 肉羊常用饲料消化能、代谢能估测模型的建立与比较及其数据库的建立 [D]. 阿尔拉: 塔里木大学.

梅学文, 郭永胜, 陈宝江, 2016. 家禽体外消化模拟技术研究进展 [J]. 饲料与畜牧 (8): 52-55.

宋蓬, 2015. 草畜一体化的饲料配方管理系统设计与实现 [D]. 北京: 中国科学院大学 (工程管理与信息技术学院).

万何平, 冉景鸿, 唐文彬, 等, 2022. 10种食用豆类植物种子粗蛋白质和粗脂肪含量比较分析 [J]. 江汉大学学报 (自然科学版), 50 (4): 22-30.

魏瑞芝，刘广志，王乐涛，等，2023. 菜籽粕中的抗营养因子及应用研究进展［J］. 中国饲料（7）：17-20，26.

吴剑波，2021. 苹果渣在单胃动物饲料中的应用研究进展［J］. 当代畜牧（12）：12-13.

肖晴睿，邢芳芳，管文波，等，2024. 发酵花生粕的营养价值评定及其对仔猪生长性能的影响［J/OL］. 饲料研究（10）：37-42［2024-06-25］.

熊本海，赵一广，罗清尧，等，2022. 中国饲料营养大数据分析平台研制［J］. 智慧农业（中英文），4（2）：110-120.

杨永磊，2024. 陈化小麦的营养价值评定及其在仔鹅饲粮中的应用研究［D］. 扬州：扬州大学.

于爽，王建萍，曾秋凤，等，2021. 添加蛋白酶对肉鸭菜籽粕代谢能值的影响［J］. 动物营养学报，33（5）：2672-2680.

袁建敏，尹达菲，2024. 肉鸡低蛋白日粮配制技术研究进展［J］. 饲料工业，45（9）：1-9.

张丽娜，陈清华，宋友灿，2023. 日粮纤维在猪饲料中的应用研究进展［J］. 现代畜牧兽医（9）：65-69.

张璐瑶，范志勇，王永伟，等，2024. 棉籽粕和菜籽粕内源抗营养因子脱除技术研究进展［J］. 饲料研究，47（2）：133-138.

张泽楠，王宝维，葛文华，等，2016. 枯草芽孢杆菌与铜协同作用对5~16周龄五龙鹅生长性能、屠宰性能、营养物质利用率及肉品质的影响［J］. 动物营养学报，28（9）：2830-2838.

赵海龙，石洋，涂雄兵，等，2018. 大豆胰蛋白酶抑制剂对苜蓿斑蚜的控制作用［J］. 中国生物防治学报，34（3）：348-353.

赵星，孟小莽，范文萱，等，2024. 近红外光谱法快速检测花生籽仁主要品质指标定量模型的研究 [J]. 河北农业大学学报, 47 (3): 25-30, 65.

赵永飞, 马诗月, 刘蒙龙, 等, 2024. 三种饲料原料含水量对主要营养成分及赤霉素含量的影响 [J]. 中国饲料 (11): 173-179.

# 第三章 谷物及块根、块茎加工副产物资源的开发与利用

面对传统能量饲料资源短缺与畜牧业快速发展的矛盾,开发利用非常规能量饲料资源势在必行。农产品加工副产物,如玉米、小麦、稻谷、薯类等副产物,蕴藏着巨大的能量潜力,是缓解能量饲料资源短缺的重要来源。玉米副产物,如玉米皮、玉米蛋白粉、玉米胚芽粕、玉米浆、玉米酒精糟等,富含纤维素和半纤维素,经预处理技术如粉碎、氨化、酶解等处理后,可有效提高其消化利用率,替代部分玉米等传统能量饲料。小麦副产物,如麦麸、麦秸等,也具有一定的能量价值,其中麦麸能量较高,可部分替代玉米,而麦秸须经过适当处理才能提高其利用效率。稻谷副产物,如稻壳、米糠等,能量利用效率差异较大,须根据其营养特性进行合理加工利用,例如米糠可直接作为能量饲料,而稻壳则需要进行生物转化等处理才能提高其饲用价值。薯类及加工副产物,如甘薯藤蔓、马铃薯渣等,富含淀粉等碳水化合物,是良好的能量饲料资源,可通过青贮、干燥等方式保存利用,或经加工制成饲料添加剂,提高其利用价值。综上所述,农产品加工副产物作为非常规能量饲料资源,具有巨大的开发潜力。通过科学合理的加工利用技术,可以有效提高其营养价值和利用效率,降低饲料成本,缓解我国能量饲料资源短缺的压力,促进畜牧业可持续健康发展。

## 第一节 玉米加工副产物饲料化利用

玉米作为我国重要的粮食和饲料作物,其庞大的产量支撑着巨

大的加工产业链（图3-1）。国家统计局数据显示，2021年玉米年产量已达到2.72亿t，2019—2020年度玉米加工产能已达1.25亿t，加工产品包括玉米淀粉、淀粉糖、味精等在内达上千种。如此大规模的加工量也伴随着巨大的副产物产生。数据显示，全球玉米淀粉产量占淀粉总产量的80%~85%，由此推算，每年玉米深加工过程中产生的玉米皮、玉米蛋白粉、玉米胚芽粕、玉米浆、玉米酒精糟等副产物的数量十分庞大（图3-2）。这些副产物虽然不能直接替代玉米作为粮食或饲料，但却蕴含着丰富的营养物质，如能量、蛋白质、纤维等。然而，目前对玉米加工副产物的利用率仍然有待提高，大量副产物未得到充分利用，不仅造成了资源的浪费，也对环境造成了一定压力。因此，积极探索玉米加工副产物的有效利用途径，将其转化为优质的饲料资源，对于促进循环经济发展、推动农业可持续发展具有重要的现实意义。

图3-1　玉米

## 一、玉米皮

### （一）营养特性

玉米皮是玉米深加工过程中产生的一种主要副产物，约占玉米

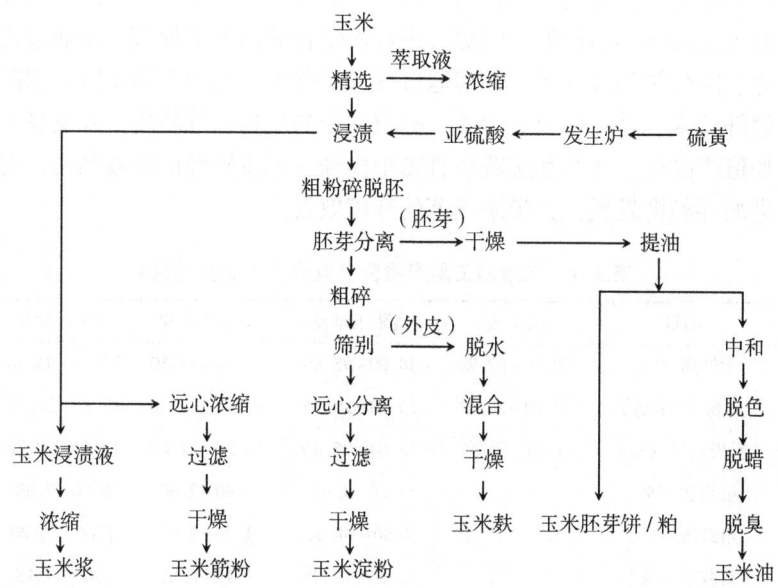

**图 3-2 玉米加工副产物的生产工艺流程**

干物质总量的14%（表3-1）。研究表明，玉米皮中含有多种营养成分，其中粗蛋白质含量为4.00%~12.34%，粗纤维含量为15.30%~16.86%，葡萄糖含量约为32%，淀粉含量为10%~20%。除此之外，玉米皮中还含有一定量的玉米黄色素、玉米纤维油、内黄酮、多糖等生物活性物质，具有潜在的开发利用价值。玉米皮中多数的营养物质均来自细胞壁，其细胞壁的主要成分是NSP，占比高达70%。这些NSP主要以阿拉伯糖和木糖等戊多糖的形式连接构成阿拉伯木聚糖，阿拉伯木聚糖作为一种可溶性粗纤维，具有降低胆固醇、调节血糖、促进肠道益生菌增殖等多种生理功能，对调节动物肠道健康、改善生产性能具有积极作用。

然而，玉米皮直接作为饲料原料存在一定的局限性。其适口性差，气味特殊，且粗纤维含量较高，加之真菌毒素残留等问题，导致动物对其消化利用率较低，限制了其在饲料工业中的应用。为提升玉米皮的利用价值，须对其进行科学合理的加工处理，如通过粉碎、膨化等物理方法改善其适口性和消化率；利用生物发酵技术降解纤维素、消除抗营养因子；提取其中的生物活性物质，开发高附加值产品等。研究和实践将有助于推动玉米皮资源的高效利用，促进循环经济发展，并带来显著的环境效益。

表3-1 玉米加工副产物营养成分（干物质基础）

| 项目 | 玉米皮 | 喷浆玉米皮 | 玉米蛋白粉 | 玉米胚芽粕 |
|---|---|---|---|---|
| 干物质（%） | 80.90~92.29 | 88.00~95.89 | 85.30~94.50 | 89.03~93.14 |
| 总能（MJ/kg） | 19.04~20.35 | 16.48~20.85 | 15.95~23.60 | 17.80~20.36 |
| 粗蛋白质（%） | 4.00~12.34 | 13.64~25.10 | 53.20~61.60 | 18.00~20.80 |
| 粗脂肪（%） | — | 1.20~9.68 | 1.40~2.60 | 2.00~7.33 |
| 粗纤维（%） | 15.30~16.86 | 4.80~14.62 | 1.00~1.60 | 7.66~16.20 |
| 粗灰分（%） | — | 1.65~8.52 | 1.11~5.82 | 1.41~7.18 |
| 无氮浸出物（%） | — | — | 24.70~33.40 | — |

注："—"均表示文献中未提及。

### （二）饲料化应用效果

玉米皮作为玉米深加工过程中产生的大宗副产物，将其资源化利用并应用于饲料配方中，对于提高资源利用率、降低饲料成本及促进畜牧业可持续发展具有重要意义。然而，玉米皮的饲料化应用效果受到动物种类、生理阶段、加工方式等多重因素的影响。将玉米皮简单粉碎后直接添加到饲粮中，尽管可以在一定程度上替代部分能量饲料，但由于其适口性差、消化利用率低等原因，对动物生产性能的改善效果往往有限，甚至可能产生负面影响。曹亮等（2021）通过设置不同比例喷浆玉米皮（0%、6%、12%、18%和24%）对肉兔进行饲养试验，研究其对肉兔生长性能、养分消化率和胴体品质的影响，结果表明，添加比例为6%~12%时可促进生长，添加过高则会降低肉兔生长性能和养分消化率。此外，相关研究采用 Sibbald 的肿瘤微环境（Tumor microenvironment，TME）评定方法，测定了 12 种喷浆玉米皮对樱桃谷肉鸭的代谢能值，并建立了代谢能的化学成分预测方程。结果显示，不同种类玉米加工副产物的代谢能值存在较大差异，且利用化学成分建立的预测方程具有较高的可靠性和参考意义，可为肉鸭饲料营养价值数据库的构建提供基础数据（舒维成，2019）。因此，为提升玉米皮的饲料价值，优化其在动物生产中的应用效果，国内外学者针对玉米皮的预处理工艺进行了大量的研究。采用碱处理、微生物发酵、酶解等方法处理玉米皮，可以有效降解纤维素、半纤维素等难被动物消化吸收的物质，提高其可消化性，进而改善动物的生产性能。要实现其高效、安全利用，需要结合动物营养需求和玉米皮的营养特点，制定科学合理的饲喂方案，并深入研究不同预处理方法对玉米皮营养价值和动物生产性能的影响，才能最大限度地发挥玉米皮的饲料价值，推动畜牧业绿色可持续发展。

## 二、玉米浆

### （一）营养特性

玉米浆是玉米淀粉湿法提取工艺的主要副产物，玉米浆营养价值主要体现在其丰富的可溶性营养物质含量。研究表明，玉米浆干物质含量为 25%~50%，其中可溶性蛋白质含量达 16.0%~33.5%，远高于玉米等常规能量饲料。此外，玉米浆还含有丰富的可溶性糖类、短链淀粉以及多种必需氨基酸，能够为动物提供快速利用的能量和蛋白质来源。值得注意的是，玉米浆中胆碱和肌醇的含量亦分别高达 6 996 IU/kg 和 12 012 IU/kg，这两种维生素样物质对调节动物脂质代谢、神经系统发育及维持细胞膜完整性具有重要作用。

然而，玉米浆在饲料中的应用也面临着一些挑战。其一，玉米浆中含有较高浓度的亚硫酸盐，这是湿法提取工艺中为防止淀粉褐变而添加的。亚硫酸盐虽然对动物机体无直接毒性，但长期过量摄入会导致硫胺素的分解破坏，影响动物的生长发育，甚至引发代谢紊乱。其二，玉米浆的液体形态和较低的pH值（3.9~4.1）为其储存、运输和饲喂带来不便。高水分含量使得玉米浆易滋生细菌、霉菌，导致营养物质降解和毒素积累，造成饲料品质下降，增加饲料安全风险。而较低的pH值则可能影响动物的消化道内环境平衡，降低饲料消化酶的活性，进而影响饲料利用率。为了更好地开发利用玉米浆这一优质饲料资源，须采取有效措施克服其局限性。如可通过优化生产工艺、添加脱毒剂等方式降低玉米浆中的亚硫酸盐含量，确保其安全性。同时，可采用喷雾干燥、滚筒干燥等技术将玉米浆制成粉状产品，提高其稳定性和运输效率，延长其保质期。此外，还可以根据动物种类和生长阶段，科学制定玉米浆的添加比例和饲喂方案，以选择合适的加工方式，最大限度地发挥其营养价值，促进动物健康生长，提高养殖效益。

（二）饲料化应用效果

玉米浆作为玉米淀粉工业提取淀粉后的副产物，富含多种营养物质，如可溶性碳水化合物、蛋白质、脂肪、维生素和矿物质等，是一种极具利用价值的饲料资源。在玉米浆干物质中，约70%为易被动物消化吸收的碳水化合物，主要以乳糖、葡萄糖和麦芽糖等形式存在，可作为动物快速能量来源，提高饲料能量密度。此外，玉米浆中还含有丰富的B族维生素和部分氨基酸，可弥补部分能量饲料的营养缺陷，改善饲料适口性，促进动物生长发育。然而，玉米浆存在限制性因素，致使其在动物生产中实际应用较少，如粗蛋白质含量低，赖氨酸等必需氨基酸缺乏，且富含发酵残留物，易滋生霉菌，导致其适口性差、消化率低，长期单独饲喂易引起动物腹泻等问题。因此，须对其进行发酵加工后用于饲喂动物。何志伟等（2023）研究通过测定发酵玉米浆的营养成分、消化率及对育肥猪生长性能、血清生化指标的影响，评估其饲用价值。结果表明，发酵玉米浆富含能量和部分氨基酸，但粗蛋白质消化率较低。在育肥猪日粮中添加发酵玉米浆，不影响其生长性能，但可提高机体免疫能力。当添加比例超过 8%时，会降低机体抗氧化能力。因此，建议发酵玉米浆在育肥猪日粮中的适宜添加比例为 8%。在实际应用中，需要根据动物种类、生长阶段和生理状态等因素，科学合理地将玉米浆与其他饲料原料进行配比，以充分发挥其营养价值，提高饲料利用率，降低饲料成本，最终提高养殖效益。

### 三、玉米胚芽粕

#### （一）营养特性

玉米胚芽粕是玉米深加工过程中提取玉米油后的副产物，富含蛋白质、纤维及多种生物活性物质，是一种极具开发潜力的饲料资源（表3-2）。玉米胚芽粕的粗蛋白含量达 20%~26%，约占整株玉米总蛋白的 30%，其必需氨基酸组成均衡，赖氨酸含量 5%~6%，蛋氨酸含量也较为丰富，可有效弥补玉米等谷物蛋白中赖氨酸缺乏的缺陷。此外，玉米胚芽粕中还含有丰富的NSP，其中以阿拉伯木聚糖和β-葡聚糖为主，含量可达 20%以上，这些可溶性纤维能够调节动物肠道菌群结构，促进肠道健康。然而，玉米胚芽粕中也含有一定量的抗营养因子，如植酸、NSP 等，会影响矿物质元素的吸收利用，在实际应用中，须采取适当的加工处理方法，例如酶解、发酵等，以降低抗营养因子影响，提高其饲用价值。

**表3-2 玉米胚芽饼（粕）营养成分含量统计**

| 营养成分 | 玉米胚芽饼 | 玉米胚芽粕 |
| --- | --- | --- |
| 饲料处理方法 | 玉米湿磨后的胚芽，机榨 | 玉米湿磨后的胚芽，浸提 |
| 干物质（%） | 90.0 | 90.0 |
| 粗蛋白质（%） | 16.7 | 20.8 |
| 粗脂肪（%） | 9.6 | 2.0 |
| 粗纤维（%） | 6.3 | 6.5 |
| 无氮浸出物（%） | 50.8 | 54.8 |

(续表)

| 营养成分 | 玉米胚芽饼 | 玉米胚芽粕 |
|---|---|---|
| 粗灰分（%） | 6.6 | 5.9 |
| NDF（%） | 28.5 | 38.2 |
| ADF（%） | 7.4 | 10.7 |
| 淀粉（%） | 13.5 | 14.2 |
| 钙（%） | 0.04 | 0.06 |
| 总磷（%） | 0.50 | 0.50 |
| 有效磷（%） | 0.15 | 0.15 |
| 猪消化能（MJ/kg） | 14.67 | 13.72 |
| 猪代谢能（MJ/kg） | 13.60 | 12.59 |
| 鸡代谢能（MJ/kg） | 9.37 | 8.66 |
| 肉牛维持净能（MJ/kg） | 8.62 | 7.83 |
| 奶牛产奶净能（MJ/kg） | 7.32 | 6.69 |
| 羊消化能（MJ/kg） | 13.77 | 12.60 |

注：数据引用自中国饲料成分及营养价值表（2023年第34版）。

**（二）饲料化应用效果**

玉米胚芽粕的粗蛋白质含量为20%~26%，其氨基酸组成相对平衡，赖氨酸含量尤为丰富，可达5%~6%，能够补充玉米等谷物蛋白中赖氨酸的缺乏，组合应用显著提高饲料的营养价值。前人研究不同比例玉米胚芽粕对育肥猪生产性能、血清生化指标和营养物质消化率的影响。结果表明，添加10%玉米胚芽粕显著降低了料重比，提高了平均日采食量、粗蛋白质和粗纤维的表观消化率，而添加15%则出现了负面影响，因此，玉米胚芽粕在育肥猪日粮中的推荐添加量为10%。此外，玉米胚芽粕中还含有丰富的NSP，如阿拉伯木聚糖、β-葡聚糖等，这些可溶性纤维能够促进动物肠道蠕动，调节肠道微生态平衡，提高营养物质消化吸收率，调节动物免疫功能。然而，玉米胚芽粕中也含有一定量的抗营养因子，如植酸、NSP等，会影响矿物质元素的吸收利用。李永霞（2022）的试验研究了添加玉米胚芽粕对藏羔羊生长性能和瘤胃细菌群落的影响。结果发现，添加玉米胚芽粕可显著提高藏羔羊的平均日增重和瘤胃细菌多样性，增加了瘤胃中代谢碳水化合物菌群的数量，促进了瘤胃对纤维的消化。在生产中，可采取酶解、发酵等加工方法，以降低抗营养因子影响，提高其利用效率，从而实现提高动物生产性能和养殖经济效益的目的。

## 四、玉米蛋白粉

### （一）营养特性

玉米蛋白粉是玉米淀粉生产过程中提取淀粉和胚芽后的副产物，经干燥粉碎后得到，其粗蛋白质含量40%~60%，是一种优质的植物蛋白源。玉米蛋白粉的蛋白质主要由谷蛋白、醇溶蛋白、球蛋白和白蛋白组成，其中，醇溶蛋白含量最高，占总蛋白的45%~55%（表3-3）。玉米蛋白粉中部分氨基酸含量丰富，如谷氨酸、亮氨酸、脯氨酸等，但赖氨酸、色氨酸含量偏低，导致氨基酸组成不平衡，限制了其饲用价值。此外，玉米蛋白粉中还含有丰富的玉米黄色素，是一种天然的抗氧化剂，能调节动物免疫力，改善动物产品品质。

表3-3 玉米蛋白粉营养成分含量统计

| 营养成分 | 玉米蛋白粉 | 玉米蛋白粉 | 玉米蛋白粉 |
| --- | --- | --- | --- |
| 品级 | 去胚芽、淀粉后的面筋部分 NY/T 685—2003 1级 | 中等蛋白质产品，CP50% NY/T 685—2003 2级 | 中蛋白质产品，CP40% NY/T 685—2003 3级 |
| 干物质（%） | 90.1 | 88.0 | 89.9 |
| 粗蛋白质（%） | 63.5 | 56.3 | 44.3 |
| 粗脂肪（%） | 5.4 | 4.7 | 6.0 |

(续表)

| 营养成分 | 玉米蛋白粉 | 玉米蛋白粉 | 玉米蛋白粉 |
| --- | --- | --- | --- |
| 粗纤维（%） | 1.0 | 1.3 | 1.6 |
| 无氮浸出物（%） | 19.2 | 23.4 | 37.1 |
| 粗灰分（%） | 1.0 | 2.3 | 0.9 |
| NDF（%） | 8.7 | 8.2 | 29.1 |
| ADF（%） | 4.6 | 5.1 | 8.2 |
| 淀粉（%） | 17.2 | 16.1 | 20.6 |
| 钙（%） | 0.1 | 0.0 | 0.1 |
| 总磷（%） | 0.4 | 0.4 | 0.5 |
| 有效磷（%） | 0.2 | 0.2 | 0.3 |
| 猪消化能（MJ/kg） | 15.06 | 15.61 | 15.02 |
| 猪代谢能（MJ/kg） | 12.55 | 13.35 | 13.10 |
| 鸡代谢能（MJ/kg） | 16.23 | 14.27 | 13.31 |
| 肉牛维持净能（MJ/kg） | 9.71 | 8.96 | 8.08 |
| 奶牛产奶净能（MJ/kg） | 8.45 | 7.91 | 7.28 |
| 羊消化能（MJ/kg） | 18.37 | 14.90 | 13.73 |

注：数据引用自中国饲料成分及营养价值表（2023年第34版）。

## （二）饲料化应用效果

玉米蛋白粉作为玉米深加工的副产物，富含蛋白质和能量，在畜禽饲料中应用广泛，但其氨基酸组成不平衡、适口性较差等问题也限制了其应用效果。贾友刚等（2023）研究使用1.3%、2.6%、3.8%的玉米蛋白粉替代豆粕对黄脚麻鸡生产性能、肉品质、抗氧化能力和肠道健康的影响，结果发现玉米蛋白粉替代豆粕对黄脚麻鸡的生长性能、屠宰性能和肠道健康均无负面影响，且能够降低血清中MDA含量，提高机体抗氧化能力。在仔猪日粮中，玉米蛋白粉的添加量不宜超过10%，过高比例会影响仔猪的生长性能和肠道健康。相关研究发现，与常规蛋白来源相比，添加3%~6%玉米蛋白粉作为蛋白来源会增加生长猪十二指肠、空肠和回肠的隐窝深度，降低空肠绒毛高度，会对肠道形态产生负面影响。此外，玉米蛋白粉组的生长猪血清中二胺氧化酶（Diamine oxidase，DAO）活性高于酪蛋白组，表明玉米蛋白粉对生长猪肠道通透性有一定影响（Rotondwa M T，2021）。白国松等（2024）研究了普通玉米蛋白粉和酶解玉米蛋白粉对断奶仔猪生长性能和肠道健康的影响，结果显示，酶解玉米蛋白粉组断奶仔猪的料重比显著小于普通玉米蛋白粉组，且酶解玉米蛋白粉组的十二指肠和空肠的胰蛋白酶和糜蛋白酶的活性显著提高。酶解玉米蛋白粉组的十二指肠绒隐比极显著高于普通玉米蛋白粉组。研究表明，添加5%的酶解玉米蛋白粉可以显著提高断奶仔猪十二指肠和空肠的消化酶活性，并能增强肠道屏障功能，进而改善生长性能。

综上所述，为提高玉米加工副产物的利用率，可分别采取多种措施改善其营养价值，例如：进行氨基酸平衡，添加限制性氨基酸（赖氨酸、色氨酸等）；进行酶解处理，降解蛋白分子量，提高消化吸收率；与其他蛋白原料配合使用，发挥协同效应等。

## 第二节 小麦加工副产物饲料化利用

小麦作为全球重要的粮食作物，其产量常年位居世界前列（图3-3）。根据FAO统计数据，全球小麦年产量约为7.9亿t，占谷物总产量的30%左右，中国、印度、俄罗斯和美国是主要的小麦生产国。庞大的小麦产量在满足人类食物需求的同时，也产生了数量可观的加工副产物。统计显示，2017年小麦产量约为1.3亿t，稳居世界首位，消费量也位列全球第一。中国小麦主产区集中在华北、淮河流域和东北等地区。小麦作为全球最具加工优势的谷物之一，其副产物体量大，蕴藏着巨大的开发潜力。据估计，全球每年产生的小麦加工副产物约为1.4亿t，其中麸皮约占14%，小麦次粉约占80%。这些副产物中富含蛋白质、能量、纤维及多种生物活性物质，是极具开发潜力的饲料资源（图3-4）。近年来，随着畜牧养殖业的快速发展及饲料资源供求矛盾的日益突出，小麦加工副产物因其产量大、价格低廉等优势，在饲料中的应用越来越受到重视。深入研究小麦加工副产物的营养特性，开发其高效利用技术，对促进畜牧业可持续发展、保障粮食安全具有重要意义。

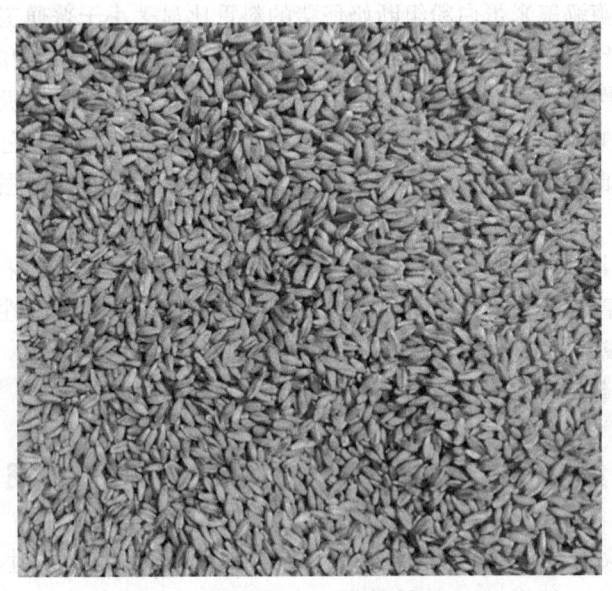

**图3-3 小麦**

小麦加工副产物富含纤维素、半纤维素等碳水化合物，其中NDF含量30%~70%，是反刍动物重要的瘤胃填充物来源，其副产物营养价值含量见表3-4。然而，副产物也存在一定的营养缺陷和潜在风险：蛋白质含量普遍偏低，且氨基酸组成不平衡，限制性氨基酸主要为赖氨酸；同时，较高含量的植酸、NSP等抗营养因子，会影响动物对营养物质的消化吸收，甚至引发消化系统疾病。因此，针对其饲用价值的提高，可采取物理加工（如粉碎、膨化、

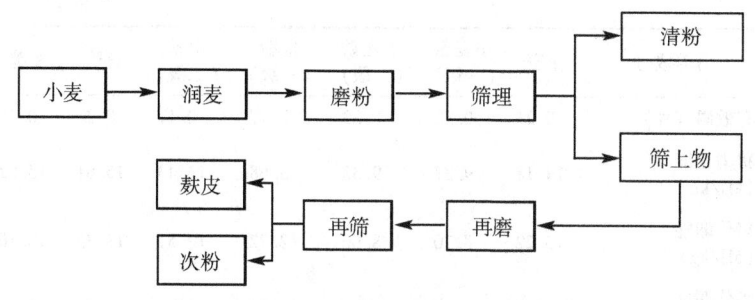

**图 3-4 小麦加工及其副产物工艺流程**

制粒等)、化学处理(如氨化、碱化等)、生物技术(如微生物发酵等)及科学配比等措施,通过破坏植物细胞壁结构、降解抗营养因子、优化饲料配方等途径,提高营养物质的消化利用率,实现营养互补,最终达到高效安全利用小麦加工副产物资源,促进畜牧业可持续发展的目的。

**表 3-4 小麦及其加工副产物营养成分含量统计**

| 营养成分 | 小麦 | 小麦麸(一级) | 小麦麸(二级) | 次粉(一级) | 次粉(二级) | 麦秸 | 麦糠 |
|---|---|---|---|---|---|---|---|
| 干物质(%) | 88.0 | 87.0 | 87.0 | 88.0 | 87.0 | 88.0 | 89.9 |
| 粗蛋白质(%) | 13.4 | 15.7 | 14.3 | 15.4 | 13.6 | 56.3 | 44.3 |
| 粗脂肪(%) | 1.7 | 3.9 | 4.0 | 2.2 | 2.1 | 4.7 | 6.0 |
| 粗纤维(%) | 1.9 | 6.5 | 6.8 | 1.5 | 2.8 | 1.3 | 1.6 |
| 无氮浸出物(%) | 69.1 | 56.0 | 57.1 | 67.1 | 66.7 | 23.4 | 37.1 |
| 粗灰分(%) | 1.9 | 4.9 | 4.8 | 1.5 | 1.8 | 2.3 | 0.9 |
| NDF(%) | 13.3 | 37.0 | 41.3 | 18.7 | 31.9 | 8.2 | 29.1 |
| ADF(%) | 3.9 | 13.0 | 11.9 | 8.3 | 10.5 | 5.1 | 8.2 |
| 淀粉(%) | 54.6 | 22.6 | 19.8 | 37.8 | 36.7 | 16.1 | 20.6 |
| 钙(%) | 0.17 | 0.10 | 0.10 | 0.08 | 0.08 | 0.00 | 0.10 |
| 总磷(%) | 0.41 | 0.92 | 0.93 | 0.48 | 0.48 | 0.40 | 0.50 |

(续表)

| 营养成分 | 小麦 | 小麦麸（一级） | 小麦麸（二级） | 次粉（一级） | 次粉（二级） | 麦秸 | 麦糠 |
|---|---|---|---|---|---|---|---|
| 有效磷（%） | 0.21 | 0.32 | 0.33 | 0.17 | 0.17 | 0.20 | 0.30 |
| 猪消化能（MJ/kg） | 14.18 | 9.37 | 9.33 | 13.68 | 13.43 | 15.61 | 15.02 |
| 猪代谢能（MJ/kg） | 13.22 | 8.70 | 8.66 | 12.72 | 12.51 | 13.35 | 13.10 |
| 鸡代谢能（MJ/kg） | 12.72 | 5.69 | 5.65 | 12.76 | 12.51 | 14.27 | 13.31 |
| 肉牛维持净能（MJ/kg） | 8.73 | 7.01 | 6.95 | 10.10 | 9.92 | 8.96 | 8.08 |
| 奶牛产奶净能（MJ/kg） | 7.32 | 6.11 | 6.08 | 8.32 | 8.16 | 7.91 | 7.28 |
| 羊消化能（MJ/kg） | 14.23 | 12.18 | 12.10 | 13.89 | 13.60 | 14.90 | 13.73 |

注：表中数据引用自《中国饲料成分及营养价值表》（2023年第34版）中国饲料数据库。

## 一、小麦麸

小麦麸，又称麸皮、麦麸，是小麦籽粒经研磨加工后分离出的麦粒外层和胚芽部分，约占小麦总质量的20%，是小麦制粉过程中产生的主要副产物（图3-5）。小麦麸富含多种营养物质和生物活性成分，在畜禽生产中作为一种非常规饲料原料应用广泛。小麦麸主要由麦粒的表皮、种皮、珠心层和糊粉层等外层结构及少部分胚乳构成，其营养价值的高低通常由胚乳含量的多少决定。胚乳含量越高，淀粉含量相应越高，其他营养成分含量则相对较低。

当前我国针对小麦麸的分类方法主要有以下几种：①按品种：可分为红粉麸和白粉麸。②按加工精度：可分为精粉麸、特粉麸和标粉麸。③按产出形态：可分为片麸和面麸。④按制粉工艺及成分：可分为大麸皮和小麸皮。其中优质小麦麸外观呈淡黄褐色至红灰色，色泽均匀一致，为粗细不等的片状，质地干燥、轻盈、柔软，具有正常麦香味，无酸败、霉变、异味或虫蛀现象。小麦麸的感官评定是其质量控制的重要环节，可通过观察颜色、状态、气味及手感等指标，初步判断其品质优劣。若发现小麦麸存在明显的色泽异常、霉变结块、虫蛀或掺杂等问题，则可直接判定为不合格产品，无须进行后续的理化分析。

图3-5 小麦麸

(一) 营养特性

小麦麸是小麦加工过程中分离出的麦粒外层和胚芽部分，其营养特性表现为：富含蛋白质和纤维，但能量水平相对较低。小麦麸的粗蛋白质含量15.7%，高于小麦（13.4%），其中包含较多的非淀粉性蛋白质，如谷蛋白和麦胶蛋白，可作为饲料中蛋白质的良好来源。此外，小麦麸的粗纤维含量6.5%~6.8%，主要成分为纤维素和半纤维素,是反刍动物瘤胃功能的重要调节物质。然而,小麦麸的淀粉含量仅为19.8%左右,远低于小麦(54.6%),且其消化能、代谢能等指标均显著低于小麦籽实,如猪对小麦麸的消化能仅为9.37MJ/kg,而对小麦的消化能则高达14.18MJ/kg。小麦麸中不仅含有丰富的常规营养成分,还含有多种具有生物活性的功能性成分,主要包括酚类化合物和低聚木糖。其中酚类化合物主要包括酚酸、类黄酮和木酚素,具有抗氧化、抗炎、抗癌等多种生物活性。其中,阿魏酸是小麦麸中主要的酚酸,含量可达90%以上,具有优异的抗氧化功效,但其生物活性受到与细胞壁结合形式的限制。类黄酮和木酚素也具有抗氧化、抗癌等生物活性,在小麦麸中的含量高于面粉。其次,低聚木糖又称寡聚糖,是由2~7个木糖分子通过β-1,4糖苷键结合而成。低聚木糖能够被动物肠道中的有益菌选择性利用,促进其增殖,从而调节肠道菌群平衡,改善肠道健康。此外,低聚木糖还能通过与病原菌竞争性结合肠道受体,阻止其定植,从而降低病原菌感染的风险。

(二)饲料化应用效果

麦麸作为小麦加工的副产物,富含粗纤维、磷及多种水溶性维生素,具有一定的饲用价值,但其适口性一般,且含有抗营养因子,如阿拉伯木聚糖、植酸等,影响动物对其内含营养物质的消化吸收。因此,在畜禽饲料中应用麦麸须根据动物种类和生长阶段进行合理调控,以充分发挥其营养价值,避免负面影响。以猪为例,由于仔猪消化系统发育尚不完善,对高纤维日粮的消化能力较弱,因此不宜在仔猪饲料中添加麦麸。对于生长猪,其对能量的需求较高,而麦麸能量值相对较低,添加过量会降低饲料的能量浓度,影响生长性能,建议添加量不超过10%。然而,适量添加麦麸对育肥猪具有一定的益处,研究表明,在育肥猪日粮中添加10%~15%的麦麸,可改善胴体品质,提高瘦肉率。此外,麦麸中含有的硫酸盐类物质具有一定的轻泻作用,能促进肠道蠕动,预防便秘。因此,可以在妊娠母猪日粮中适量添加麦麸,但须注意控制添加量,避免因其吸湿性导致饲料霉变。在断奶仔猪日粮中添加10%的发酵小麦麸可以改善仔猪免疫功能和肠道菌群结构，而对生长性能和养分消化率没有负面影响，表明发酵小麦麸可以作为一种功能性饲料原料应用于断奶仔猪生产。薛晨（2022）研究了复合菌培养物和麸皮、棉籽粕、玉米胚芽粕等混合发酵饲料对肉牛生长性能、非特异性免疫和抗氧化功能的影响，发现与对照组相比，添加0.6kg微生物发酵饲料的试验组肉牛平均体重提高了4.17%，平均日采食量提高了13.9%，利润提高了9.73%。在肉牛日粮中添加一定量的微生物发酵饲料可以提高其生长性能、增强非特异性免疫功能和抗氧化能力，这可能与发酵饲料中益生菌和生物活性物质的富集增加有关。

## 二、次粉

次粉是小麦加工过程中，在提取小麦粉后，筛分得到的介于小麦粉和麸皮之间的一种副产品（图3-6），其理化指标如表3-5所示。一般认为，次粉的总纤维含量不超过8%，其容重和化学成分受小麦品种、加工工艺和提取率的影响而有所差异。次粉的颗粒度较小麦粉粗糙，但比麸皮细腻，颜色呈现淡黄色或灰白色，通常带有轻微的麦香味。其营养成分介于小麦粉和麸皮之间，相较于小麦粉，次粉的蛋白质、脂肪、纤维及矿物质含量更高，但淀粉含量略低。我国现行的《饲料用次粉》（NY/T 211—1992）将次粉分为一级和二级，其中一级次粉的营养价值更高，麸皮含量较低，淀粉含量为60%，而二级次粉的粗灰分含量较高。在生产实践中，次粉在畜禽饲料中的应用比例还相对较低，主要受限于其营养价值的波动性及抗营养因子的影响。随着小麦加工技术的进步及对次粉营养价值和抗营养因子调控机制研究的深入，次粉的应用范围和利用效率将会进一步提升，在保障粮食安全和促进畜牧业可持续发展方面发挥更大的作用。

图 3-6 次粉

表 3-5 次粉的理化指标分析 (%)

| 次粉理化指标分析 | | 粗蛋白质 ≥ | 粗纤维 < | 粗灰分 < |
|---|---|---|---|---|
| 等级区别 | 一级 | 14.0 | 3.5 | 2.0 |
| | 二级 | 12.0 | 5.5 | 3.0 |
| | 三级 | 10.0 | 7.7 | 4.0 |

(一) 营养特性

次粉的能量水平低于小麦，但高于小麦麸，这主要与其淀粉含量相关。一级次粉的淀粉含量 37.8%，接近小麦的一半，而二级次粉的淀粉含量略低，为 36.7%。次粉的能量消化率受其 NSP 含量的影响，一级次粉的 NSP 含量低于二级次粉，因此其能量消化率更高。另外，次粉的蛋白质含量与小麦麸接近，高于小麦，一级次粉的粗蛋白质含量 15.4%，二级次粉为 13.6%。次粉的蛋白质主要由麦谷蛋白和麦醇溶蛋白组成，赖氨酸含量相对较高，但蛋氨酸含量较低，属于非优质蛋白源。次粉的粗纤维含量介于小麦和麸皮之间，一级次粉的粗纤维含量为1.5%，二级次粉为2.8%。次粉中的纤维主要是NSP，包括阿拉伯木聚糖、β-葡聚糖和纤维素等，这些NSP能够促进动物肠道健康，但过高的含量会影响营养物质的消化吸收。

由于富含淀粉且具有一定的黏着性，次粉常作为制粒过程中的天然黏合剂，提升饲料颗粒的硬度和稳定性。蒸汽制粒是常用的次粉加工方式，可有效提高其营养价值和利用效率。研究表明，蒸汽处理能够提高次粉中的淀粉颗粒，使其更易被动物消化吸收，从而提高日粮中能量和干物质的消化率，降低料肉比，提升饲料效率。此外，蒸汽制粒还能钝化次粉中内源性植酸酶的活性，减少其对饲料中矿物质元素利用的负面影响。

（二）饲料化应用效果

次粉作为小麦加工的副产物，其产量较大，淀粉含量较高，具备一定的饲用价值，可以作为能量饲料替代部分玉米等常规原料，应用于畜禽水产饲料中，降低饲料成本。在猪饲料中，次粉可以部分替代玉米，添加比例应根据猪的不同生长阶段进行合理调整。在保育猪日粮中，次粉可替代30%~50%的玉米。在生长猪日粮中，次粉的替代比例可提高至50%~70%；育肥猪对能量的需求相对降低，次粉的添加比例可进一步提高至70%~100%。但次粉的能量值低于玉米，且氨基酸平衡性较差，随着次粉添加比例的增加，需要关注饲料的能量、氨基酸及其他营养元素的平衡，可通过添加次粉型专用预混料或其他非常规蛋白原料进行补充，以满足猪的生长需要。此外，次粉中含有一定量的NSP，会影响养分的消化吸收，降低饲料利用效率。研究表明，在饲料中添加适量的小麦型NSP复合酶可有效降解次粉中的抗营养因子，提高其消化利用率，改善猪的生产性能。在禽料中，由于鸡的消化道较短，对纤维的消化能力较弱，高纤维的麦麸不适宜作为鸡饲料的原料，但次粉的粗纤维含量相对较低，可以作为能量饲料应用于鸡饲料中。在蛋鸡日粮中，添加15%~25%的次粉可以降低饲料成本，且不会对产蛋性能产生负面影响。肉鸡对饲料能量浓度要求较高，因此，次粉的添加比例不宜过高。研究表明，在蛋鸭日粮中，次粉的添加比例可高达50%，并搭配适宜的酶制剂和合成氨基酸，可获得较好的经济效益。在水产饲料中，次粉的应用也有一定的局限性。由于次粉的黏性较大，在水中容易散失，导致水质恶化，影响鱼类的生长。因此，在水产饲料中应用次粉须进行一定的加工处理，如制成颗粒饲料或添加黏合剂，以提高其在水中的稳定性。

## 三、麦秸

在养殖业领域，利用小麦秸秆作为基础饲料喂养牲畜是开发秸秆资源的主要方式之一（图3-7）。据估计，1t秸秆的营养价值等同于0.25t粮食。然而，由于未处理的小麦秸秆口感不佳，饲料转化效率不高，其作为饲草的潜力难以充分发挥。通过物理、化学、微生物等方法的加工处理，可以提升小麦秸秆的综合利用率。因此，研究和开发小麦秸秆的饲料化利用技术，有助于减少牛羊等反刍动物对苜蓿等昂贵饲料的依赖。

图3-7　麦秸

## (一) 营养特性

小麦秸秆作为小麦收获后的主要副产品之一,其干物质含量与小麦粒接近,均在88%左右,但营养价值存在较大差异。麦秸的粗蛋白质含量虽可达56.3%,但其氨基酸组成不理想,限制性氨基酸含量高,难以满足动物生长需要。此外,麦秸的粗脂肪含量仅为4.7%,且钙含量几乎为零,矿物质营养较为匮乏。虽然麦秸的能量水平远低于小麦籽实,但其在反刍动物中的消化能水平表现良好,如肉牛维持净能可达8.96MJ/kg,接近小麦籽实的8.73MJ/kg,这主要得益于其8.2%的NDF含量,瘤胃微生物可以有效地分解利用这些纤维素,转化为可被动物利用的能量。为了提高麦秸的利用效率,须进行科学合理的加工处理。为了提高麦秸的利用效率,须对其进行加工处理,例如粉碎、切短、膨化等物理处理方法可以破坏其硬结构,增加表面积,提高消化率;而碱处理、氨化处理等化学方法及微生物发酵等生物处理方法则可以降解部分纤维素和木质素,提高其消化率和蛋白质利用率。

## (二) 加工利用方式

麦秸的加工利用方式一般包括物理加工、化学处理、生物处理或几种方式组合。

### 1. 物理加工

物理加工主要涉及调整颗粒大小和爆破。将小麦秸秆切割至2~5cm的粒径,更适合动物咀嚼和消化。通过粉碎,可以破坏小麦秸秆的紧密结构,提升其与瘤胃微生物的接触面积。然而,直接喂食粉碎后的小麦秸秆粉可能会对动物的呼吸系统产生负面影响。将粉碎后的秸秆制成约3cm的颗粒,并与其他饲料混合,可以确保动物摄取均衡的营养并减少粉尘污染。在爆破技术方面,根据不同的加工方法,小麦秸秆的爆破可分为高压蒸汽爆破、氨冷冻爆破和二氧化碳爆破法。高压蒸汽爆破是一种有效的预处理方法,它通过将物料和水按比例放入封闭容器中,加热并保持约1.9MPa的压力一段时间后，迅速降低压力以实现爆破。这种技术可以破坏木质纤维素的连接，减少半纤维素和木质素的含量，软化纤维素，提高纤维素酶的可及性，从而提升小麦秸秆的营养价值。经过蒸汽爆破处理的小麦秸秆，在体外瘤胃降解率方面有显著提高。但考虑到蒸汽爆破法对设备要求高且能耗大，批量处理时成本显著增加，因此在实际生产中的应用前景受限。氨冷冻爆破是在115kPa和50~80℃的条件下，利用液氨处理物料，通过压力突降使液氨汽化产生骤冷而实现爆破。其原理与蒸汽爆破类似，但氨冷冻爆破能增加小麦秸秆中的非蛋白氮含量，从而提高养殖效益。二氧化碳爆破法则是利用压力变化处理小麦秸秆，通过将仓内的液态碳酸汽化为二氧化碳和水蒸气，改变压力以实现爆破。

2. 化学处理

化学处理小麦秸秆包括碱化、酸化和氨化等方法。在碱化过程中，通常采用氢氧化钠或氢氧化钙，之后用酸性物质或水进行中和，以调整酸碱平衡。然而，这种方法会导致秸秆中干物质（DM）大量流失，并且容易引起霉变。动物若摄入过量残留的碱性物质，会对健康产生负面影响。酸化处理与碱化处理类似。氨化处理则常用尿素、碳酸氢铵或氨水，但这种方法不能有效破坏细胞壁结构。相比之下，碱氨复合处理能更彻底地分解物料。碱化处理通过破坏木质素和细胞壁复合物，提升了纤维素的可及性；而氨化处理产生的铵盐则能增加粗蛋白质（CP）含量，进一步增强碱处理的效果。尿素和氢氧化钙的碱氨复合处理效果尤为显著，能将处理后的小麦秸秆CP含量提升7.66%，同时提高瘤胃降解率，包括干物质（DM）、NDF和ADF在96h内的降解率。在实际生产中，使用尿素和氢氧化钙复合处理的小麦秸秆，能显著提高动物的干物质采食量和日增重，从而增加经济效益。

3. 生物处理

小麦秸秆本身含有的微生物数量不多，因此在发酵过程中，通常会添加外源微生物或其产生的酶，并采用多种微生物和酶共同作用的方法来处理，以实现更全面的分解效果。处理小麦秸秆发酵和酶解的微生物主要包括细菌和真菌两大类。其中，细菌主要用于维持酸性环境，常见的有植物乳杆菌、乳酸菌、布氏乳杆菌等。真菌则主要用于分解木质素，包括酵母菌、白腐菌、褐腐菌和软腐菌等；而酶类则主要包括纤维素酶、半纤维素酶、木聚糖酶和果胶酶等。在使用不同的微生物制剂对小麦秸秆进行发酵处理时，主要成分和处理方法都有所不同，3种微生物制剂都能提高小麦秸秆的EE含量，但对CP含量没有显著影响。在使用微生物制剂处理时，需要将小麦秸秆切成2~3cm长，以便微生物能更充分地发挥作用。小麦秸秆的微生物和酶共同处理可以使用植物乳杆菌和纤维素酶的组合，植物乳杆菌能提高发酵底物的乳酸含量、降低pH值，而纤维素酶则通过分解纤维素为乳酸菌的发酵提供原料，两者共同作用，加速了结构性碳水化合物的水解，在降低NDF含量的同时，保留了CP含量。在反刍动物的生产中，经过微生物和酶共同处理的秸秆饲料对动物的能量转化率、瘤胃微生物的多样性、干物质的摄入量以及生产性能都有所改善。

（三）饲料化应用效果

小麦秸是牛羊等反刍动物日粮的重要组成原料，具有刺激反刍、促进唾液分泌的作用，还可提供部分能量，因此，对于小麦秸的饲料化应用主要是在牛和羊上。

研究表明，与苜蓿干草相比，直接喂食未处理的小麦秸秆会减少肉牛的胴体重和日增重，增加肌肉剪切力，提升血液中的谷丙转氨酶水平，降低其抗应激能力。这可能是因为未处理的小麦秸秆营养价值不高，喂养比例不当，以及消化率低，导致肉牛无法充分吸收饲料中的营养。郑春雷等（2016）的研究发现，与未处理的小麦秸秆相比，喂食微贮小麦秸秆能显著提升12~18月龄西杂公牛的日增重，每头牛的日均盈利增加3元。刘均贵等（1999）的研究表明，氨化组和微贮组的育肥牛平均日增重分别为835g和892g，均明显高于未处理组（570g）。张卫宪等（2002）通过氨化、生物发酵、生物-化学处理后的小麦秸秆喂养杂交肉牛，与未处理组相比，各试验组的日增重均有不同程度的提升，其中生物和化学复合处理组最高（1 128.5g/d）、盐化组最低（775.7g/d）。以上研究表明，经过氨化、微贮以及生物化学复合处理的小麦秸秆能够满足肉牛的营养需求，增加日增重，改善肉质，同时降低饲养成本。麦秸在奶牛饲养中也有不错的应用效果。侯军义（2020）将小麦秸秆粉碎至 3~5cm 后制成颗粒，并以不同比例（0、20%、40%）替代苜蓿干草，随着替代比例的提高，干物质摄入量也相应增加，泌乳中期荷斯坦牛的瘤胃发酵未见显著变化，4%标准乳和乳脂率呈现上升趋势。

陈希等（2021）的研究发现，使用未经处理的小麦秸秆喂养 5~6 个月大的湖羊，与苜蓿干草相比，瘤胃发酵参数、内脏发育和肠道结构均未见明显差异，同时瘤胃中木聚糖酶的活性有所提升。小麦秸秆中较高的纤维含量会改变湖羊消化道中的微生物群落，进而提升湖羊血液中某些代谢物（如丙氨酸）的含量，并降低饲料转化率。随着喂养时间的增加，在试验的第 21d，湖羊的状况恢复至与苜蓿组相同的水平。另外，经过氨化和微贮处理的小麦秸秆在口感上优于未经处理的，且喂食氨化和微贮处理的小麦秸秆的小尾寒羊日增重明显高于未经处理组，饲料增重比显著低于未经处理组。刘培剑等（2018）在对小麦秸秆进行不同处理（碳酸氢钠、尿素、尿素-碳酸氢钠复合处理）以评估体外发酵参数的实验中发现，复合处理组对小麦秸秆超微结构的破坏程度更大，并且显著改善了小麦秸秆中干物质、中性洗涤纤维、酸性洗涤纤维等主要营养成分的表观消化率，从而获得了更高的体外产气量。此外，刘培剑等（2017）的研究显示，不同组别的崂山奶山羊分别饲喂相同比例的干小麦秸秆、复合处理小麦秸秆、干玉米秸秆以及干花生秧，其中尿素-碳酸氢钠复合处理组在干物质、有机物、中性洗涤纤维、酸性洗涤纤维及氮的消化率方面均优于其他秸秆组，并且氮沉积率更高。

## 四、麦糠

麦糠是小麦加工过程中产生的副产物之一，粗蛋白质含量为44.3%，远高于麦秸，但相较于小麦（13.4%）仍有一定差距（图3-8）。此外，小麦糠的粗脂肪含量为6%，高于小麦的1.7%，且含有较高的NDF（29.1%）和ADF（8.2%），其具备一定的能量价值。研究表明，麦糠的猪消化能、鸡代谢能等指标与小麦接近，但肉牛维持净能和奶牛产奶净能略低于小麦，这与其较高的纤维含量影响了能量的消化利用有关。为了提高小麦糠的饲用价值，须对其进行科学合理的加工处理，如物理处理方法，将小麦糠粉碎成更小的颗粒，可以破坏其坚硬的外部结构，增加比表面积，提高酶解效率，从而提高其消化率。将小麦糠粉碎至1mm以下，可显著提高其在猪、鸡日粮中的消化能和代谢能。其次，利用高温高压使小麦糠内部的水分汽化膨胀，破坏其细胞壁结构，提高其体积和孔隙

图3-8 麦糠

度，从而提高其消化率和适口性。膨化处理可以有效钝化小麦糠中的抗营养因子，如植酸酶抑制剂等，提高矿物质的利用率。通过微波热效应和非热效应，亦可快速、高效地改变小麦糠的物理结构和化学组成，提高其消化率和营养价值。微波处理可以提高小麦糠中粗蛋白质的含量，降低 NDF 和 ADF 的含量，改善其适口性。针对生物处理方法可利用酵母菌、乳酸菌等益生菌发酵小麦糠，可以降解部分纤维素和木质素，产生糖类、有机酸等小分子物质，提高其消化吸收率。微生物发酵还可以产生多种酶类，如纤维素酶、木聚糖酶等，进一步提高小麦糠的营养价值。此外，微生物发酵还可以提高小麦糠的适口性，改善其感官品质。

## 五、小麦酒糟及其可溶物

小麦酒糟及其可溶物（Distillers Dried Grains with Solubles, DDGS）是小麦经乙醇发酵后的副产物，其营养特性区别于原粮，在饲料化应用中展现出独特价值。小麦籽实中约 65% 的干物质为淀粉，经乙醇发酵后，大部分淀粉被转化为乙醇和二氧化碳，剩余的蛋白质、脂肪、纤维及矿物质等营养成分则被浓缩。小麦 DDGS 的粗蛋白质含量可达 40% 以上，远高于小麦的 13% 左右，且富含赖氨酸等限制性氨基酸，可作为优质蛋白源应用于动物日粮中。此外，小麦 DDGS 的粗脂肪含量为 10% 左右，高于小麦籽实，且富含不饱和脂肪酸，对改善动物产品品质有一定益处。然而，小麦 DDGS 的纤维含量也相对较高，为 10%~15%，其中部分为不可溶性纤维，对幼龄动物的消化利用率较低。因此，在实际应用中，应根据动物的品种、年龄、生理阶段和生产性能等因素，合理确定小麦 DDGS 的添加比例，如在仔猪日粮中，小麦 DDGS 的添加比例一般控制在 5% 以内，可替代部分乳清粉和豆粕；生长育肥猪对纤维的耐受性较强，小麦 DDGS 添加比例可提高至 10%~20%。在肉鸡日粮中，添加比例通常不超过 10%，可有效替代部分玉米、豆粕含量。蛋鸡日粮中添加 5%~8% 的小麦 DDGS，可提高蛋壳质量，但须注意色素含量对蛋黄颜色的影响。对于奶牛，小麦 DDGS 添加比例一般在 10%~20%，可提高产奶量和乳蛋白含量。肉牛育肥日粮中添加 10%~15% 的小麦 DDGS，可提高日增重和饲料转化率，但须注意硫含量问题。在部分鱼类饲料中，小麦 DDGS 添加比例不超过 10%，可替代部分鱼粉含量。

## 第三节 稻谷加工副产物饲料化利用

稻谷作为全球重要的粮食作物，为人类提供着主要的碳水化合物来源，其产量和消费量均居世界前列（图 3-9）。根据 FAO 数据显示，2021 年全球稻谷产量 5.13 亿 t，其中亚洲地区产量占比超过 90%。我国作为稻谷生产和消费大国，2021 年稻谷产量突破 2.13 亿 t，常年库存量占全球稻谷库存量的 60% 以上。然而，庞大的稻谷产量也伴随着大量的副产物产生。据估算，全球每年稻谷加工产生的副产物总量超过 1.4 亿 t，其中包括约 4 200 万 t 的米糠、6 300 万 t 的稻壳以及 3 500 万 t 的碎米，其中米糠、稻壳和碎米分别约占 30%、45% 和 25%（图 3-10）。这些副产物如果得不到有效利用，不仅造成资源浪费，还会带来环境污染等问题，与可持续发展的理念背道而驰。我国稻谷主要用于居民食用消费，工业和饲料消费的比例相对较低。近年来，随着农业科技的进步和种植面积的扩大，我国稻谷产量持续增长，而稻谷消费量增长相对缓慢，导致库存压力不断增加。国家粮油信息中心数据显示，2020—2021 年度全国稻谷结余 1 148 万 t，远超合理水平。如何高效利用稻谷资源，特别是庞大的稻谷副产物，已成为亟待解决的重要课题。稻谷副产物富含纤维素、半纤维素、蛋白质、脂肪及多种矿物质和维生素等营养成分，具有巨大的饲料化利用潜力（表 3-6）。米糠中蛋白质含量较高，且富含 B 族维生素和维生素 E 等，是良好的能量饲料原料；稻壳中粗纤维含量丰富，经适当处理可以作为反刍动物的粗饲料来源；碎米营养价值与整粒米相近，可以作为猪、禽等动物的能量饲料。然而，稻谷副产物也存在一些限制性因素，例如粗纤维含量高、适口性差、部分抗营养因子含量高等，制约了其在畜牧业中的应用。因此，需要对稻谷副产物进行科学合理的加工处理，提高其营养价值和消化利用率，才能更好地应用于畜牧业生产，提高资源利用效率，促进农业可持续发展。

图3-9 稻谷

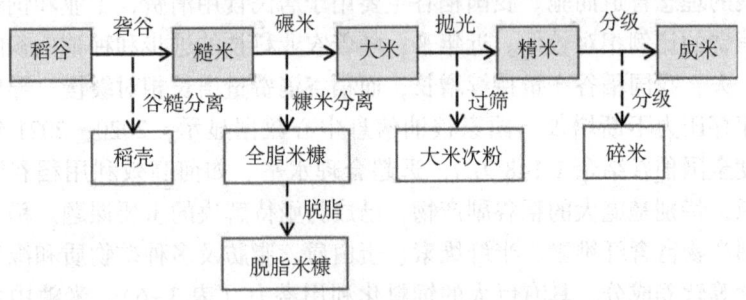

图3-10 稻谷及其副产物加工工艺流程

表3-6 稻谷及其加工副产物营养成分含量统计

| 营养成分 | 稻谷 | 糙米 | 米糠 | 米糠饼 | 米糠粕 | 碎米 |
| --- | --- | --- | --- | --- | --- | --- |
| 干物质（%） | 86.0 | 87.0 | 90.0 | 90.0 | 87.0 | 88.0 |
| 粗蛋白质（%） | 7.8 | 8.8 | 14.5 | 15.0 | 15.1 | 10.4 |
| 粗脂肪（%） | 1.6 | 2.0 | 15.5 | 9.2 | 2.0 | 2.2 |
| 粗纤维（%） | 8.2 | 0.7 | 6.8 | 7.6 | 7.5 | 1.1 |
| 无氮浸出物（%） | 63.8 | 74.2 | 45.6 | 49.3 | 53.6 | 72.7 |
| 粗灰分（%） | 4.6 | 1.3 | 7.6 | 8.9 | 8.8 | 1.6 |
| NDF（%） | 27.4 | 1.6 | 20.3 | 28.3 | 23.3 | 0.8 |
| ADF（%） | 13.7 | 0.8 | 11.6 | 11.9 | 10.9 | 0.6 |
| 淀粉（%） | 63.0 | 47.8 | 27.4 | 30.9 | 25.0 | 51.6 |
| 钙（%） | 0.03 | 0.03 | 0.05 | 0.14 | 0.15 | 0.06 |
| 总磷（%） | 0.36 | 0.35 | 2.37 | 1.73 | 1.82 | 0.35 |
| 有效磷（%） | 0.15 | 0.13 | 0.35 | 0.25 | 0.25 | 0.12 |
| 猪消化能（MJ/kg） | 11.25 | 14.39 | 12.64 | 12.51 | 11.55 | 15.06 |
| 猪代谢能（MJ/kg） | 10.63 | 13.57 | 11.8 | 11.63 | 10.75 | 14.14 |
| 鸡代谢能（MJ/kg） | 11.00 | 14.06 | 11.21 | 10.17 | 8.28 | 14.23 |
| 肉牛维持净能（MJ/kg） | 7.54 | 9.26 | 8.58 | 7.20 | 6.06 | 10.05 |
| 奶牛产奶净能（MJ/kg） | 6.40 | 7.70 | 7.45 | 6.28 | 5.27 | 8.24 |
| 羊消化能（MJ/kg） | 12.64 | 14.27 | 13.77 | 11.92 | 10.00 | 14.35 |

注：表中数据引用自《中国饲料成分及营养价值表》（2023年第34版）中国饲料数据库。

## 一、糙米

糙米，是指仅去除稻谷颖壳，保留完整胚乳和大部分糊粉层及胚的稻米。糙米中富含碳水化合物，占75%~80%，为动物提供主要的能量来源。此外，糙米还含有7%~9%的蛋白质，高于精米，且蛋白质生物效价也优于后者。糙米中脂肪含量为2%~3%，其中不饱和脂肪酸含量较高，对动物健康有一定益处。值得一提的是，糙米富含多种维生素和矿物质，尤其是 B 族维生素和钾、镁等矿物质元素，远高于精米，能够有效弥补动物日粮中矿物质和维生素的不足。然而，糙米也存在一些限制性因素，例如其粗纤维含量相对较高，为 1%~2%，对幼龄动物的消化利用率较低。此外，糙米中也含有一定量的植酸，会影响矿物质的吸收利用。

### （一）营养特性

糙米是稻谷经去壳处理后保留了种皮、糊粉层和胚芽的米。与精米相比，糙米保留了更多营养物质，其具有更高的营养价值。糙米的加工过程会对其营养成分造成一定的影响，与稻谷相比，糙米损失了部分粗纤维和矿物质，但保留了大部分蛋白质、脂肪、维生素和矿物质。由稻谷加工成糙米后，粗蛋白质含量从 7.8% 上升至 8.8%，粗脂肪含量从 1.6% 上升至 2.0%。这是因为糙米的糊粉层和胚芽中富含蛋白质和脂肪。其次，糙米是粗纤维的良好来源。糙米中的粗纤维含量高达 8.2%，远高于精米。这些粗纤维主要集中在种皮部分，主要成分为纤维素、半纤维素和木质素，能够促进动物肠道蠕动，预防便秘，改善肠道健康。同时糙米还含有丰富的维生素和矿物质。糙米中的维生素主要集中在糊粉层和胚芽，包括 B 族维生素、维生素 E 等。在矿物质方面，糙米富含钾、镁、铁、锌等元素，对维持动物机体正常生理功能具有重要意义。此外，糙米的消化能和代谢能也显著高于稻谷。以猪为例，糙米的消化能和代谢能分别比稻谷高 28.0% 和 27.6%。这是因为糙米保留了种皮和胚芽，其中含有丰富的脂肪、蛋白质和淀粉等易消化吸收的营养物质。

### （二）饲料化应用效果

糙米，作为畜禽饲料应用潜力巨大，但其饲料化应用效果受动物种类、生理阶段、加工方式等多重因素影响。陈化稻谷储存超过 3 年后，脱壳成早籼糙米，经糊化处理后再膨化，有助于提高生长猪的表观回肠养分消化率。然而，外源酶的添加能显著提升这些酶的活性，从而促进营养物质的消化吸收。研究显示，与玉米日粮相比，糙米日粮使断奶仔猪的日增重显著增加了 22.04%，饲料效率也显著提高了 14.42%（邵青玲等，2020）。将 40% 的早籼稻糙米用于替代玉米喂养育肥猪，发现糙米替代组与对照组在眼肌面积、平均瘦肉率、肉色、pH 值及嫩度上没有显著差异，但屠宰率提升了 2.61%（孙森等，2011）。使用精米或糙米搭配米糠或统糠作为饲料，可以增加鹅的日增重和提高饲料效率，这表明精米或糙米有潜力替代玉米作为鹅的能量饲料，有助于降低饲料成本。聂新志等（2008）发现，糙米作为家禽饲料，其营养价值可与玉米相媲美，并优于木薯。其中糙米的表观代谢能（apparent matabolizable energy，AME）与玉米接近，显著高于木薯，表明糙米能够为家禽提供充足的能量。不同品种的鸡和鸭对玉米和木薯的 AME 消化率差异显著，但对糙米的 AME 消化率则没有显著差异。糙米中粗纤维的消化率表现亮眼。海南阉鸡、北京鸭、海南鸭对糙米中粗纤维的消化率最高，甚至优于玉米，可能与糙米中保留的米糠部分含有的酶类物质有关。黄少文等（2014）用糙米替代玉米饲喂蛋鸡，显示不同替代比例（50%、75% 甚至 100%）对蛋鸡的产蛋率、饲料转化率都没有显著影响，说明糙米能够满足蛋鸡产蛋期的能量和营养需求。但随着糙米添加比例的增加，蛋黄颜色有变浅的趋势。这可能是由于糙米中色素含量低于玉米，可通过在饲料中添加饲用色素来解决。吴士博等（2020）使用来源于 4 个品种稻谷的糙米饲喂生长猪，评价代谢能、消化能、氨基酸表观回肠消化率和氨基酸标准回肠消化率，发现 4 种糙米在能量值和氨基酸消化率方面，均可与玉米媲美，具备替代玉米作为生长猪能量饲料原料的潜力。不仅不会降低饲粮的能量价值，还能提高饲粮中部分必需氨基酸的消化利用率，这对于降低饲料成本、提高养殖效益具有积极意义。

## 二、米糠

米糠是稻谷加工过程中产生的重要副产物，主要由稻谷的果皮、种皮、糊粉层和胚芽组成。虽然重量仅占稻谷的8%~10%，但米糠富含多种营养物质和生物活性成分，将其应用于畜禽饲料中，不仅可以提高饲料资源的利用率，还能改善动物生产性能和产品品质。米糠的营养成分组成较为丰富，但受稻谷品种、加工工艺和储存条件等因素影响，其营养成分含量存在一定波动。米糠的粗蛋白质含量在12%~18%，高于玉米等常用能量饲料；脂肪含量高达18%~22%，且富含不饱和脂肪酸，尤其是亚油酸和亚麻酸等必需脂肪酸，有利于提高畜产品品质。此外，米糠还含有丰富的B族维生素、维生素E、矿物质和粗纤维等营养成分。然而，米糠中也含有一些抗营养因子，如植酸、脂肪酶和纤维素等，会影响动物对营养物质的消化吸收。植酸可以与蛋白质、淀粉等营养物质形成复合物，降低其消化率；脂肪酶会导致米糠脂肪氧化酸败，产生哈喇味，降低适口性；而高含量的纤维素则会影响幼龄动物的消化吸收。为提高米糠的饲用价值，降低抗营养因子的影响，目前已有多种处理方法应用于米糠的加工处理中。主要有以下3种方法。一是物理处理法，包括加热、膨化、微波处理等，可以破坏米糠中的脂肪酶活性，降低脂肪氧化酸败，提高适口性。二是化学处理法，有碱处理和酶处理。碱处理可以有效降低植酸含量，提高米糠的营养价值，但碱处理会破坏部分维生素，且处理后的废水容易造成环境污染。酶处理主要是利用植酸酶、纤维素酶等降解相应的抗营养因子，具有反应条件温和、专一性强、环境友好等优点。三是生物发酵法，利用酵母菌、乳酸菌等微生物发酵米糠，可以有效降解抗营养因子，提高营养物质的消化吸收率，还能产生益生菌、酶类等有益物质，改善动物肠道健康。

### （一）营养特性

米糠，作为稻谷加工过程中产生的主要副产物之一，长久以来被视为低值废弃物。然而，随着饲料资源日益紧缺及对米糠营养价值认识的不断深入，其作为一种非常规饲料资源在畜禽生产中的应用价值逐渐得到重视。米糠富含多种营养成分，其粗蛋白质含量高达 14.5%，远高于作为能量饲料广泛使用的玉米（8%~10%），甚至可以与部分蛋白质饲料相媲美。米糠的粗脂肪含量也十分可观，约为 15.5%，且富含畜禽生长发育所需的必需脂肪酸，其中亚油酸和亚麻酸含量分别可达总脂肪酸的 35%~40% 和 1%~2%，对于提升畜产品品质具有积极意义。米糠的能量价值较高，研究表明，米糠的代谢能水平与常用能量饲料相当，甚至更高。以猪为例，米糠的代谢能约为 11.8MJ/kg，与玉米相当。而对于鸡，米糠的代谢能可达 11.21MJ/kg，略低于玉米，但仍然是一种高效的能量来源。此外，米糠中还含有丰富的维生素、矿物质和粗纤维等营养物质。如米糠的总磷含量高达 2.37%，远高于玉米（0.25%~0.35%），且有效磷含量也达到 0.35%，可作为一种良好的磷源，有效降低畜禽饲料中磷的添加量，从而减少磷排放，对于环境保护具有重要意义。然而，米糠中也含有一定量的抗营养因子，如植酸、纤维素、脂肪酶等，会影响动物对营养物质的消化吸收，在实际应用中需要采取相应的处理措施降低其影响。可通过物理方法（加热、膨化等）、化学方法（碱处理、酶处理等）或生物发酵等手段破坏或降解米糠中的抗营养因子，以提高其消化利用率。

（二）饲料化应用效果

米糠，作为稻谷加工过程中产生的主要副产物之一，富含多种营养成分，在畜禽饲料中应用潜力巨大。李灵（2020）的研究发现在 21 日龄的肉鸡饲粮中添加适量的米糠和酶制剂，可以有效提高肉鸡的生长性能和养分消化率，其中 1.0%米糠+0.15%酶制剂的添加效果最佳。与对照组相比，添加 1.0%米糠+0.1%酶制剂和 1.0%米糠+0.15%酶制剂的试验组，肉鸡的平均日增重分别提高了 9.8%和 13.1%；同时，这两个试验组的料重比也分别降低了 8.8%和 10.1%，表明添加米糠和酶制剂能够有效提高饲料利用效率，促进肉鸡生长。薛建娥等（2019）使用20%米糠替代玉米，发现蛋形指数比对照组（0%米糠替代）低3.01%，表明更高比例的米糠替代能够使蛋形更加圆润。而蛋重比对照组高2.18%，也显著高于其他米糠替代比例的试验组，这说明20%的米糠替代比例能够显著提高蛋的重量。在猪生产中，米糠同样具有显著优势。张叶秋等（2016）用米糠替代部分玉米，在不影响苏淮猪生长性能的前提下，能够促进其小肠绒毛生长，优化大肠微生物区系，改善肠道健康。其中添加34.8%米糠的高纤维日粮，虽然导致苏淮猪的日均采食量显著下降，但对平均日增重和料重比没有显著影响，表明苏淮猪能够适应高纤维日粮，并维持正常的生长速度。试验第14d，米糠组的羧甲基纤维素酶活性显著升高，黄色瘤胃球菌数量增加。在试验第28d，乳酸杆菌和双歧杆菌数量显著增加。在试验结束时，柔嫩梭菌数量显著升高。这些有益菌的增加，有助于改善肠道微生态平衡，促进肠道健康。

## 三、碎米

碎米，指的是在稻谷加工过程中，由于机械力作用而产生的不完整米粒，其长度通常小于同批次完整米粒平均长度的75%，但仍能留存在直径1.0mm的圆孔筛上。尽管碎米与完整大米在本质上并无太大区别，其主要营养成分构成及含量都较为接近，但由于外观形态的差异，导致其在食品市场上的接受度不高，收购价格也相对较低。然而，这并不意味着碎米的价值就因此降低，相反，将其作为一种非常规饲料资源进行开发利用，恰恰能够变废为宝，创造更高的经济效益和社会效益。根据FAO的数据，全球稻谷年产量约为7.5亿t，即使按照保守估计，碎米的产生率为10%，每年也将产生高达7 500万t的碎米。然而，目前能够被食品工业消纳的碎米仅占其总产量的10%左右，绝大部分碎米都被迫低价处理，甚至直接丢弃，造成了巨大的资源浪费。

碎米作为饲料原料，具有许多独特的优势。首先，碎米的营养价值与完整大米相当,其干物质含量高达85%~90%,其中碳水化合物含量为70%~80%,是动物主要的能量来源;粗蛋白质含量为7%~9%,虽然低于玉米等能量饲料,但也含有多种必需氨基酸,能够满足动物基本生长需求。其次,碎米的加工工艺相对简单,无须进行复杂的脱壳、碾磨等处理,可以有效降低加工成本,提高生产效率。此外,碎米易于储存和运输,不易发生霉变和虫蛀,可以有效降低饲料生产和运输过程中的损耗。大力推广碎米在饲料工业中的应用,不仅可以提高资源利用效率,减少粮食浪费,还能降低饲料成本,提高养殖效益,对于促进畜牧业可持续发展具有重要意义。

(一) 营养特性

碎米,作为稻谷加工过程中不可避免产生的细小、不完整米粒,常被视为低值副产物,甚至被直接丢弃。然而,这种做法无疑是对宝贵资源的巨大浪费。事实上,碎米蕴藏着与完整米粒相媲美的丰富营养,将其合理应用于畜禽饲料中,不仅可以提高资源利用效率,降低饲料成本,更能改善动物生产性能,创造更高的经济效益。从营养成分构成来看,碎米与完整米粒并无本质区别,其主要差异在于外观形态和加工精度。首先,碎米的干物质含量高达88%,与完整米粒相差无几,其中碳水化合物含量为70%~80%,是动物主要的能量来源。碎米的能量利用率较高,其猪代谢能可达14.14MJ/kg,鸡代谢能达14.23MJ/kg,均显著高于作为能量饲料广泛使用的玉米(猪、鸡代谢能分别约为13.5MJ/kg和13.0MJ/kg)。这表明碎米能够为畜禽提供充足的能量,满足其生长发育的需要。其次,碎米的粗蛋白质含量10.4%,远高于稻谷本身的7.8%,也高于玉米的8%~10%,能够满足动物对蛋白质的基本需求。此外,碎米中粗纤维含量仅为1.1%,远低于稻谷的8.2%,这更有利于动物消化吸收,提高饲料利用率。同时,碎米中还含有多种矿物质元素和维生素,例如钙、磷、维生素$B_1$、维生素E等,能够满足动物生长发育和维持正常生理机能的需要。

值得注意的是，碎米中总磷含量与稻谷相近，约为0.35%，且钙含量达到0.06%，是稻谷的两倍，可以作为部分矿物质元素的补充来源。综上所述，碎米虽然外观形态上与完整米粒存在差异，但在营养价值上却毫不逊色，是一种极具开发潜力的非常规饲料资源。

### （二）饲料化应用效果

碎米作为稻谷加工过程中的另一种副产物，因其颗粒细小、易消化吸收等特点，在畜禽饲料中也展现出良好的应用潜力。但与完整米粒相比，碎米营养价值的波动性较大，其应用效果受破碎程度、储存条件及动物种类等因素的影响，须科学评估和合理利用。陈晓帅（2022）在鹅饲粮中，用碎米替代玉米，当替代比例达到75%时，对70日龄鹅的屠宰性能和肉品质仍没有显著影响，表明在该范围内使用碎米不会对鹅的生产性能造成负面影响。刘华（2015）的研究发现，碎米最佳膨化参数组合为物料含水率16%，膨化腔温度125℃，喂料速率20.21kg/min。通过膨化提高了碎米的淀粉糊化度，改善了其内部结构，提高了干物质和能量的消化率，但对消化能、代谢能和氮消化率没有显著变化。在饲养试验中，断奶初期（0~7d），碎米组仔猪的采食量、日增重和饲料转化率显著优于玉米组。在断奶后期（36~49d），碎米组和玉米组的采食量和日增重差异不显著，但碎米组的饲料转化率显著提高。因此，碎米可以替代部分玉米作为断奶仔猪饲粮的能量来源，提高仔猪断奶初期的生长性能，缓解腹泻。

## 四、稻壳

### （一）营养特性

稻壳是稻谷的坚硬保护层，在碾磨过程中被去除，约占稻谷重量的20%，是水稻加工过程中的主要副产品之一，其营养特性与其内部复杂的化学组成密切相关。稻壳富含纤维素、半纤维素和木质素等结构性碳水化合物,这些成分赋予了稻壳坚硬的质地和较低的消化率。稻壳的粗纤维含量高达30%~40%,远高于玉米、小麦等常用饲料原料,而粗蛋白质含量却仅为3%~5%,且其中大部分为动物难以利用的结合蛋白。此外,稻壳中的矿物质元素含量也相对较低,例如磷的含量仅为0.2%~0.4%,低于玉米的0.25%~0.35%。

### (二) 饲料化应用效果

首先,由于稻壳中高纤维、低蛋白和低矿物质含量的特点,其直接作为饲料原料的营养价值十分有限,饲料加工生产中常用其作为载体。对于单胃动物而言,其消化系统难以有效分解利用稻壳中的纤维素和木质素,消化率通常不到20%。不过,反刍动物生产中应用较多,在肉牛和奶牛生产中一般不超过日粮干物质的10%~15%。过量添加会导致瘤胃消化障碍,影响采食量和生产性能。在羊生产中,可根据羊的品种、生理阶段和饲养管理水平进行调整,添加量应控制在5%~10%(彭海龙等,2019)。其次,稻壳作为一种廉价易得的农业副产物,可通过物理、化学或生物等方法进行预处理,以提高其饲用价值。如可以通过碱处理、氨化处理等化学方法降解稻壳中的木质素和纤维素,提高其消化率;也可以通过接种特定的微生物进行发酵,将稻壳中的复杂碳水化合物转化为更容易被动物吸收利用的小分子物质,同时还可以提高其蛋白质含量和矿物质元素生物学效价。

饲喂成年鹅整粒稻壳和粗粒玉米,有助于其消化系统的发育,并提升纤维素的吸收效率;在鹅的早期生长阶段,稻壳稀释的饲料对出栏体重的影响并不明显,但能优化鹅的屠宰品质,增进脂肪的积累。稻壳的粒度会影响鹅盲肠的组织结构,整粒稻壳更有利于鹅生产性能的提升,但对盲肠内微生物的厌氧发酵作用没有显著影响。王芳等(2021)的研究发现,在饲料中添加5%的稻壳和大豆皮,可以促进肉鸡肌胃和腺胃的发育,提高肉鸡的生产性能。这些研究共同证明,在家禽饲料中适量添加稻壳,能够改善肠道发育,对生产性能无负面影响，同时还能降低饲料的生产成本。当稻壳在育肥牛饲料中的比例达到 5%～10%时，育肥效果最佳。程彦茗等（2023）的研究也指出，植物乳杆菌、枯草芽孢杆菌和酿酒酵母菌按照 1∶2∶1 的比例混合发酵，在 25℃条件下发酵 96h 后，稻壳粉的口感显著改善，酸溶蛋白含量增加了 109.30%，粗脂肪含量提升了 69.17%，从而增强了稻壳粉的饲用价值。另有研究显示，将稻壳、麦麸和新鲜玉米秸秆按照 10∶5∶85 的比例混合，可以提升青贮饲料的营养价值。吕仁龙等（2019）的研究发现，在发酵型全混合日粮中加入 5%的稻壳，其口感最佳，黑山羊的平均日采食量最高，达到 412g/d，增重效果显著，这说明在一定范围内添加稻壳，不会对动物的生长性能产生负面影响，同时还能降低养殖成本。

## 五、稻秸

### （一）营养特性

稻秸，作为水稻收获后留存的茎秆部分，富含纤维素、半纤维素和木质素等结构性碳水化合物，但其蛋白质含量低、消化率差，直接作为饲料原料的营养价值十分有限。稻秸的干物质含量较高，可达 88.89%～94.79%，但其营养组成并不理想。粗蛋白质含量仅为 1.23%左右，且主要为瘤胃降解率低的木质素结合蛋白，限制了其在动物饲料中的应用价值（彭海龙等，2019）。此外，14.00%～23.00%粗脂肪含量具有一定迷惑性，实际上主要为粗纤维表面附着的角质层和蜡质，并非易于动物消化吸收的脂肪酸形式。9.52%～15.65%的粗灰分含量反映出稻秸中无机矿物质含量较高，但并非所有矿物质都能被动物有效利用，部分矿物质元素的存在形式甚至会对动物产生负面影响，例如过高的硅含量会干扰钙、磷的吸收。因此，未经处理的稻秸直接饲喂动物，其适口性差，采食量低，且消化利用率低，难以满足动物的营养需求。为了提高稻秸的饲用价值，须进行必要的预处理，例如碱处理、氨化处理、微生物发酵等，以破坏其坚硬的木质化结构，降解纤维素和木质素，提高营养物质的消化吸收率，从而最大限度地发挥稻秸的饲用潜力。

（二）饲料化应用效果

稻秸主要应用于反刍动物饲料中。在不同发酵水稻秸秆的方法中，益生菌、纤维素酶和木聚糖发酵的稻秸饲料粗蛋白质含量高于其他方法。许广庆（2023）的研究发现，在肉牛饲粮中添加15%的稻秸发酵饲料，可以提高肉牛的平均日采食量，且不会影响肉牛的料重比和平均日增重；而添加30%稻秸发酵饲料组的肉牛平均日增重则提高了0.21kg。稻秸与其他副产物混合青贮，能更好地被动物吸收利用。经过酶制剂、菌制剂以及菌酶复合处理的稻秸青贮饲料，在感官评价上有所提升，营养成分含量也有所增加，菌和酶复合处理的效果优于单一处理。房新鹏（2021）的研究指出，马铃薯渣和水稻秸秆混合青贮的最佳比例为3∶1。在水稻秸秆青贮过程中，当米糠的添加量从50 g/kg增加至100 g/kg时，稻秸青贮的pH值会下降（侯晓静，2011）。

## 六、其他

（一）大米蛋白

大米蛋白，作为稻米加工过程中提取的副产物，富含多种必需氨基酸，具有良好的消化吸收率和较高的生物学价值，是一种极具开发潜力的优质植物蛋白资源，在畜牧领域具有广阔的应用前景。与传统植物蛋白原料（如豆粕、棉粕等）相比，大米蛋白的氨基酸组成模式更接近动物的氨基酸需求模式，赖氨酸、苏氨酸、蛋氨酸等限制性氨基酸含量丰富，能够有效弥补其他植物蛋白原料的营养缺陷。此外，大米蛋白不含抗营养因子（如胰蛋白酶抑制剂、凝集素等）和致敏蛋白（如大豆球蛋白、β-伴球蛋白等），适宜作为幼龄动物的蛋白质补充料，可有效提高饲料的适口性和营养价值。大米蛋白的生物学效价与鱼粉、牛肉等动物性蛋白原料相当，甚至更高。在断奶仔猪日粮中添加3.6%的大米蛋白粉替代2%的鱼粉后，仔猪的平均日采食量虽然降低了2.67%，但平均日增重却提高了1.01%，计算得出料重比降低了3.77%。这表明，大米蛋白粉能够有效改善仔猪的饲料利用效率，提高蛋白质的转化率，从而在降低饲料成本的同时，实现仔猪生产性能的提升。此外，大米蛋白还可作为家禽、水产动物等其他畜禽的蛋白质补充料，具有提高生产性能、改善产品品质等多种功效。

## （二）大米次粉

大米次粉，作为稻米加工过程中的一种副产物，并非传统意义上的粗饲料，而是一种具有独特营养特性的能量饲料资源。与玉米、小麦等常用能量饲料相比，大米次粉的淀粉含量高达80%左右，且主要以易于消化吸收的直链淀粉形式存在，能够为畜禽提供充足的能量。同时，大米次粉的粗蛋白质含量可达11.7%，且蛋白质品质优于其他谷物副产物，其中富含的必需氨基酸能够弥补部分能量饲料的营养缺陷。大米次粉的粗纤维含量仅为0.6%，远低于其他能量饲料，这使得其适口性更佳，消化利用率更高，尤其适合于消化系统发育尚未成熟的幼龄动物。此外，大米次粉还富含多种维生素和矿物质元素，如磷、钾等，能够满足动物生长发育的多种营养需求。现有的研究和试验表明，将大米次粉适量添加到畜禽日粮中，可以有效提高饲料的能量密度，改善饲料的适口性和消化率，进而促进动物的生长发育，降低养殖成本。然而，大米次粉的钙含量相对较低，在实际应用中须根据动物的实际需求进行合理的矿物质元素补充，以充分发挥其营养价值。

## 第四节 薯类及加工副产物饲料化利用

薯类作物产量高、适应性强，其种植面积约占我国可用耕地的8%，是保障我国粮食安全的重要作物之一。近年来，我国薯类作物种植面积常年保持在 710 万 $hm^2$ 以上，总产量超过 2 800 万 t，其作为饲料原料的应用潜力巨大。除直接食用外，薯类及其加工副产物也是畜禽饲料的重要原料来源，其加工副产物如茎叶、渣粕等也蕴藏着巨大的利用潜力。然而，薯类及其加工副产物存在营养成分单一、抗营养因子含量高、易腐败变质等问题，限制了其在饲料中的高效利用。因此，深入探究薯类及加工副产物的营养特性，开发安全高效的脱毒及加工技术，并建立科学合理的饲喂策略，对于推动薯类资源的高值化利用、降低饲料成本、促进畜牧业可持续发展具有重要意义。

## 一、甘薯

甘薯，又名红薯、地瓜，是一种适应性强、产量高的粮食作物，其块根、茎叶富含碳水化合物、蛋白质、维生素、矿物质元素及多种生物活性物质，是人类食物和动物饲料的重要来源（图 3-11）。我国是世界上最大的甘薯生产国，主产区分布在四川盆地、淮海平原、长江流域和东南沿海等地区。2020 年，我国甘薯种植面积达 232.39 万 $hm^2$，占世界收获面积的 30.0%；产量高达 5 126.4 万 t，约占世界总产量的 56.1%。目前，我国甘薯的主要利用方式包括加工、鲜食和饲用，占比分别约为 55%、30% 和 10%。然而，相比于其他主要粮食作物，甘薯资源的利用率仍然有待提高。

图 3-11 甘薯

### (一) 甘薯块根

1. 营养特性

甘薯的地下部分，即块根，是甘薯植物的重要组成，它含有丰富的碳水化合物和生物活性成分，主要作为能量饲料使用。由于新鲜甘薯块根含有较多水分，其能量值相对较低，同时含有影响蛋白质消化吸收的胰蛋白酶抑制因子，因此直接用作饲料会减少动物对蛋白质的利用效率。然而，经过干燥处理的甘薯块根能量值提升，便于长期保存。此外，通过加热处理甘薯块根，可以去除其中的胰蛋白酶抑制因子，从而增强甘薯的风味。

2. 饲料化应用效果

甘薯的块根富含淀粉，适合作为能量饲料加入畜禽的饲料中。然而，由于其蛋白质含量，尤其是赖氨酸、蛋氨酸和含硫氨基酸的含量较低，因此在饲料中的添加比例不宜过高。同时，需要补充其他蛋白质源或氨基酸添加剂。另外，甘薯的鲜块根含有胰蛋白酶抑制因子，生食会阻碍蛋白质的吸收，不利于畜禽的生长。但是，通过干燥或烹饪等方法可以减少或消除胰蛋白酶抑制因子的影响。常文环等（2003）在饲料中加入新鲜甘薯块根碎末喂养生长猪和育肥猪，研究发现，少量替代可以降低饲料成本，但随着甘薯比例的增加，猪的日增重逐渐下降，在60%的添加量时达到极显著水平；日粮中的粗蛋白质和粗脂肪消化率没有显著差异，但呈现下降趋势，因此不适宜大量添加。

### (二) 甘薯茎叶

1. 营养特性

甘薯的地上部分，包括茎和叶，也常被称作甘薯蔓、藤或秧。这些茎叶作为甘薯块根采收后的副产品，其产出量与块根相仿甚至更多，资源相当丰富。尽管甘薯茎叶的能量值不高，且含有较多的粗纤维，但它们却含有丰富的蛋白质和氨基酸。由于新鲜的甘薯茎叶体积庞大且含水量高，不易保存，因此利用率较低。通常，人们会采用青贮或风干磨粉的方式来保存这些茎叶。除了基本的营养价值，甘薯茎叶还含有大量的维生素和生物活性成分。邱俊凯等（2021）对58种甘薯茎叶进行了检测，研究发现，甘薯茎叶在干物质基础上的维生素 $B_1$ 含量为 $0.01 \sim 0.08mg/100g$、维生素 $B_2$ 为 $0.64 \sim 1.46mg/100g$、维生素 C 为 $1.47 \sim 131.64mg/100g$、β-胡萝卜素为 $6.75 \sim 55.00mg/100g$、维生素 E 为 $0.39 \sim 10.25mg/100g$、总酚含量为 $3.30 \sim 17.25gCAE/100g$。研究还表明，甘薯茎叶的抗氧化活性与总酚含量之间存在显著的正相关性，即总酚含量越高的品种，其抗氧化活性也越强。

2. 饲料化应用效果

甘薯的茎叶可作为畜禽饲料中的蛋白质和纤维来源。它们还能为动物提供额外的维生素，尤其在缺乏维生素 C 的基础日粮中。新鲜甘薯茎叶的干物质和能量含量较低，但富含粗纤维；而晒干的甘薯茎叶则含有较多的中性洗涤纤维、粗灰分和蛋白质，尽管其赖氨酸、苏氨酸和含硫氨基酸含量较低，不宜过量添加于饲料中。甘薯茎叶主要作为纤维源，用于喂养母猪和反刍动物，同时也能补充部分蛋白质。研究表明，添加甘薯茎叶有助于促进母猪卵巢发育，增加卵巢的相对重量和大卵泡的数量。

### （三）甘薯渣

1. 营养特性

甘薯渣，作为提取淀粉时产生的副产品，主要由甘薯的根皮、茎和肉质部分构成，其中根皮和肉质部分占总量的 $97.2\%$，而根茎仅占 $2.8\%$。甘薯渣的营养价值因加工工艺不同而有所差异。新鲜甘薯渣的干物质含量较低，一般为 $15\% \sim 25\%$，其中碳水化合物含量丰富，可达 $60\% \sim 70\%$，主要成分是淀粉和纤维素（于翔等，2021）。此外，甘薯渣还含有一定量的蛋白质，一般为 $5\% \sim 10\%$，且氨基酸组成相对均衡，但赖氨酸含量较低。甘薯渣中含有较多的粗纤维，占干物质的 $20\% \sim 30\%$，对调节动物肠道健康具有一定益处。甘薯渣也含有一些抗营养因子，如 β-葡聚糖、木聚糖等，影响营养物质的消化吸收（表3-7）。这些 NSP 不仅自身难以被单胃动物消化利用，还会包裹其他营养物质，影响其消化吸收，同时还会增加动物肠道内容物的黏度，影响养分的吸收和代谢，甚至会对动物的肠道形态结构造成一定损伤。因此，须通过合理的加工处理，以提高其饲用价值，为畜牧业的发展提供更加优质、廉价的饲料资源。

由于其高含水量，新鲜甘薯渣容易滋生细菌、真菌，尤其是黄曲霉等霉菌，这些微生物的生长会生成有害物质。因此，新鲜甘薯渣难以长期保存，且在自然条件下很快会变色，使用这种饲料喂养动物可能会导致黄曲霉中毒、呕吐、食欲不振、腹泻以及肝肾损伤等问题。晒干甘薯渣虽然可以保存，但会导致营养成分大量流失。因此，采用鲜贮发酵的方法来保存和利用甘薯渣是更佳的选择，通过微生物发酵，可以将甘薯渣中的淀粉和部分纤维素转化为菌体蛋白，从而改善饲料的口感，提升动物的食欲。甘薯渣发酵常用的菌种包括乳酸菌、芽孢杆菌、双歧杆菌和霉菌，这些菌种在发酵过程中能降解纤维素，提升蛋白质和氨基酸的含量。崔嘉等（2018）研究了 10 种不同的发酵菌对甘薯渣的发酵效果，发现所有菌株均能显著改善甘薯渣的营养成分，纤维素降解率介于 20.47%~51.54%，真蛋白含量增加 48.05%~118.05%，氨基酸总量和必需氨基酸总量分别提升 63.64%~211.32% 和 16.45%~154.78%；特别是甲硫氨酸和赖氨酸的含量分别提高了 50.00%~200.00% 和 66.67%~300.00%。使用产朊假丝酵母发酵的甘薯渣，其氨基酸和必需氨基酸的增加量最高，分别达到 211.32% 和 154.78%。

表 3-7　甘薯渣的营养成分及抗营养因子含量　　（%）

| 营养成分 | 湿基 | 干基 | 抗营养因子 | 含量 |
| --- | --- | --- | --- | --- |
| 水分 | 86.75 | — | 纤维素 | 5.70 |
| 淀粉 | 5.41 | 40.12 | 果胶 | 3.60 |

(续表)

| 营养成分 | 湿基 | 干基 | 抗营养因子 | 含量 |
|---|---|---|---|---|
| 粗纤维 | 6.78 | 50.63 | β-葡聚糖 | 2.50 |
| 粗蛋白质 | 0.70 | 5.22 | 木质素 | 2.30 |
| 粗脂肪 | 0.04 | 0.33 | 木聚糖 | 1.40 |
| 粗灰分 | 0.41 | 2.97 | β-甘露聚糖 | 0.40 |
| 其他 | 0.12 | 0.88 | 纤维素 | 5.70 |

2. 饲料化应用效果

甘薯渣作为甘薯淀粉加工的主要副产物，富含碳水化合物和一定量的蛋白质及纤维，具有较高的饲料化利用价值。近年来，国内外学者对甘薯渣的饲料化应用效果进行了大量研究，结果表明，合理应用甘薯渣可改善动物生产性能，提高经济效益。王中华等（2012）在肉兔日粮中添加10%~15%酸化处理后的甘薯粉渣，发现可以降低肉兔胃肠道pH值，提高其生长性能和免疫器官指数。这表明，酸化处理可以有效改善甘薯渣的适口性和营养价值，使其更适合用于单胃动物的饲养。在猪生产中，当甘薯渣的添加比例控制在4%以内时，对猪的生长性能没有负面影响；而通过微生物发酵技术处理甘薯渣，可以进一步提高其饲用品质和利用价值，扩大其在猪饲料中的应用比例。甘薯渣虽可作为饲料资源，但过量添加还是会对畜禽产生负面影响。仔猪过食会导致蛋白质摄入不足，影响生长发育；种公猪过食则会影响精子质量；而怀孕母猪过食易导致死胎、畸胎及缺乳等问题。因此，使用甘薯渣时须严格控制添加比例，并根据动物生长阶段和生理状态进行科学合理的饲喂。

甘薯渣作为反刍动物饲料的应用效果取决于其添加比例和替代策略。张海波等（2010）研究发现，当甘薯渣的添加量控制在饲粮组成的10%以内时，对育肥牛的生长性能和屠宰性能没有造成负面影响，表明适量添加甘薯渣可以替代部分白酒糟，且不会影响育肥牛的生产性能。然而，高比例（20%）添加甘薯渣替代白酒糟会导致饲粮营养水平下降，育肥牛的生长性能显著下降，背最长肌肌内脂肪含量也降低，说明过量添加甘薯渣会对育肥牛的生长和肉品质造成不利影响。因此，甘薯渣可作为反刍动物的一种非常规饲料资源加以应用，但须科学控制添加比例和替代方案，才能达到降本增效之目的。

## 二、马铃薯渣

马铃薯作为全球重要的粮食作物，是我国第四大粮食作物，其营养价值备受关注（图3-12）。2021年，中国马铃薯种植面积呈现小幅下降趋势，约为460.6万$hm^2$，较2020年减少1.08%，但总产量不降反增，达到1 830.9万t，同比增长1.81%。与此同时，中国马铃薯出口量有所下降，新鲜或冷藏马铃薯出口量为38.98万t，较2020年减少了11.77%。马铃薯的营养成分构成受品种、产地、气候等因素影响，但总体而言，其富含碳水化合物，淀粉含量尤为突出，占干物质的60%~80%，是人类和畜禽的重要能量来源。其蛋白质含量相对较低，为2%~3%（鲜重计），但其氨基酸组成优于谷类作物，生物效价较高，赖氨酸含量可达0.6%~0.8%（干物质计）。除此之外，马铃薯还含有丰富的维生素和矿物质，如维生素C含量可达15~20mg/100g（鲜重计），远高于谷类作物；钾含量丰富，为300~500mg/100g（鲜重计），是维持机体电解质平衡的重要矿物质元素。据统计，2020年中国马铃薯淀粉产量达到66万t。考虑到马铃薯淀粉加工过程中会产生大量的副产物，按照每生产1t淀粉产生0.8t废渣的比例估算，2020年中国产生的马铃薯废渣总量约为53万t。

### （一）营养特性

马铃薯渣作为马铃薯淀粉加工的副产物，其营养价值往往被低估（表3-8）。宋秋红等（2021）研究发现，新鲜马铃薯渣中固形物含量约为13%，其中蕴藏着丰富的碳水化合物，淀粉含量可达

**图3-12 马铃薯**

41.05%。除此之外,马铃薯渣中还含有2.2%的纤维素、2.2%的果胶及2.8%的半纤维素,这些成分均可被动物利用,是潜在的优质能量饲料来源。然而,马铃薯渣中较高的粗纤维含量及抗营养因子等因素,限制了其直接应用于畜禽饲料。因此,可通过酶解或发酵等生物技术处理,有效降低马铃薯渣中粗纤维含量,并将大分子碳水化合物转化为易于消化吸收的小分子糖,提高其消化利用率,进一步提升其饲用价值,为其资源化利用提供新的科学思路。

**表3-8 马铃薯渣的营养成分及能量价值**

| 营养成分 | 马铃薯渣 |
| --- | --- |
| 干物质(%) | 92.54 |
| 粗蛋白质(%) | 6.53 |
| 粗脂肪(%) | 0.58 |
| 总碳水化合物 | 91.99 |
| 可溶性碳水化合物 | 2.39 |

(续表)

| 营养成分 | 马铃薯渣 |
| --- | --- |
| 粗灰分（%） | 1.03 |
| NDF（%） | 26.03 |
| ADF（%） | 20.77 |
| 淀粉（%） | 41.05 |
| 木质（%） | 4.38 |
| 消化能（MJ/kg） | 13.82 |
| 代谢能（MJ/kg） | 13.82 |
| 维持净能（MJ/kg） | 8.08 |
| 泌乳净能（MJ/kg） | 7.66 |
| 增重净能（MJ/kg） | 5.40 |

**（二）饲料化应用效果**

马铃薯渣作为马铃薯淀粉加工的副产物，经过适当处理后可作为畜禽饲料资源，在降低饲料成本的同时，减少环境污染。生产中以青贮、混合发酵为主。连洁等（2024）利用复合菌发酵技术以提高马铃薯渣饲用价值的研究，选取了两株实验室保藏的、酶活较高的菌株 AAG-17 和 CPA-3-4，构建了复合菌，并采用单因素结合响应曲面法优化了发酵条件，该结果显示马铃薯渣的降解效果最佳，理论降解率为 36.58%，证明了复合菌发酵技术能够有效提升马铃薯渣的营养价值，为其开发利用提供了新的途径。研究人员以马铃薯渣与玉米秸秆混合青贮饲喂肉羊，该试验不仅关注了肉羊的生产性能指标（如料重比、增重、采食量），还分析了瘤胃内环境（如乙酸、丁酸含量）和血液生化指标（如尿素氮、血糖、胆固醇含量），从多角度评估了饲用效果，发现马铃薯渣与玉米秸秆混合青贮饲喂肉羊的最佳添加比例为 30%（徐明念，2024）。

对于单胃动物，如猪和鸡，由于其消化系统无法有效降解马铃薯渣中的抗营养因子和粗纤维，直接饲喂会导致消化不良，甚至生长性能下降。因此，首先，须对马铃薯渣进行脱毒、酶解、发酵等处理，以提高其消化利用率。在泌乳母猪饲粮中添加5%的发酵马铃薯渣，能够有效提高其日采食量，减缓母猪泌乳期体重下降，并最终增加窝重，显著改善母猪的生产性能；其次，在以玉米和豆粕为主的饲粮中添加5%的发酵马铃薯浆，能够有效提高猪的平均日采食量、饲料转化率及增长速度，并且不会对试验猪胴体性状产生负面影响（宋博，2020）。

### 三、木薯渣

木薯作为世界三大薯类作物之一，以其耐旱、耐瘠和高产等特性，在热带和亚热带地区广泛种植，享有"淀粉之王"的美誉（图3-13）。木薯块根富含淀粉，其含量可高达25%~40%，是一种优良的能量饲料资源。国内木薯淀粉的产量远低于进口量，2020年二者分别为26万t和275.69万t，凸显了我国对木薯资源的巨大需求。目前，我国每年约有30%的木薯干用于饲料生产，其余则用于提取淀粉和乙醇。木薯加工过程中会产生数量可观的副产物——木薯渣，据统计每年可达150万t，对其进行资源化利用，具有显著的经济效益和环境效益。

**图3-13 木薯**

## (一) 营养特性

木薯渣是木薯淀粉和燃料乙醇生产过程中产生的主要副产物，富含纤维素、半纤维素等碳水化合物，具有一定的饲用价值（表3-9）。在风干状态下，木薯渣的总能值达到 15.49MJ/kg，可作为一种潜在的能量来源。其粗蛋白质含量约为 10.47%，虽然高于玉米等能量饲料，但其氨基酸组成不均衡，限制了其作为蛋白质饲料的应用。赖氨酸含量仅为 0.4%，远低于动物的营养需求。木薯渣中含有丰富的纤维素，NDF 和 ADF 含量分别高达 56.12% 和 45.15%。高纤维含量一方面可以促进动物肠道蠕动，改善消化道健康，但另一方面也会降低其能量消化率，影响动物对其他营养物质的吸收。此外，木薯渣中可能残留来自木薯的抗营养因子，如氰化物、单宁等，这些物质会影响动物对营养物质的消化吸收，甚至造成动物中毒。因此，在将木薯渣作为饲料原料应用之前，须进行适当的脱毒处理，如晒干、煮沸、发酵等，以降低其抗营养因子含量，提高其饲用安全性。

表 3-9  木薯渣的常规养分及氨基酸含量 (%)

| 营养成分 | 含量 | 营养成分 | 含量 |
| --- | --- | --- | --- |
| 总能（MJ/kg） | 15.49 | 精氨酸 | 0.34 |
| 粗蛋白质 | 10.47 | 苏氨酸 | 0.35 |
| 粗脂肪 | 1.73 | 丙氨酸 | 0.48 |
| 粗纤维 | 19.13 | 赖氨酸 | 0.40 |
| NDF | 56.12 | 苯丙氨酸 | 0.35 |
| ADF | 45.15 | 脯氨酸 | 0.33 |
| 钙 | 0.5 | 酪氨酸 | 0.2 |
| 总磷 | 0.17 | 缬氨酸 | 0.43 |
| 天冬氨酸 | 0.65 | 蛋氨酸 | 0.06 |
| 谷氨酸 | 0.99 | 半胱氨酸 | 0.01 |

(续表)

| 营养成分 | 含量 | 营养成分 | 含量 |
| --- | --- | --- | --- |
| 丝氨酸 | 0.34 | 异亮氨酸 | 0.39 |
| 甘氨酸 | 0.14 | 亮氨酸 | 0.59 |
| 组氨酸 | 0.14 | 总氨基酸 | 6.19 |

### (二) 饲料化应用效果

木薯饲料的种类因应用地点和加工方法的差异而多样，主要包括木薯块根（即鲜薯）、木薯干、木薯叶粉、木薯秆、木薯皮、木薯渣、发酵木薯块根以及青贮木薯叶等多种形式。目前，无论是在国内还是国外，都已开展了一系列关于木薯饲料喂养的试验性研究，并且已经取得了相当可观的饲养效果。木薯渣作为木薯加工的副产物，经适当处理后可作为一种非常规饲料资源用于畜禽养殖，但其应用效果受其营养特性、加工方式及动物种类等因素的影响。加工处理方法以晒干、青贮、氨化、发酵等处理常见，可有效降低木薯渣中的抗营养因子含量，提高其适口性和营养价值。

蒋建生等（2014）用发酵木薯渣饲料替代全价饲料喂养樱桃谷鸭，育雏期（1～14日龄）分别以1%、3%、5%的比例进行试验，发现1%的替代比例能有效促进雏鸭饲料转化；育肥阶段（15～45日龄）中，肉鸭的生产性能未受显著影响。同时，发酵木薯渣饲料添加量的增加，对降低养殖场中硫化氢（$H_2S$）和氨气（$NH_3$）浓度的效果更显著。宾石玉等（2007）研究发现，用30%木薯替代育肥猪的日常饲料，可显著增加猪的平均每日食量和增重，对猪的净肉率、瘦肉率、眼肌面积等胴体性状无显著影响，表明添加30%木薯可提高猪的生产性能，且不影响胴体性状。王旭莉等（2017）研究指出，在35～70kg育肥猪饲料中加入8%以下的木薯渣，猪的日增重和料重比均会提升；但超过8%时，日增重减少，料重比增加，因此，添加8%木薯渣时效益最佳。周晓容等

(2014) 研究发现,用新鲜发酵木薯渣喂养育肥猪能提高经济效益,尤其是17.9%比例效果最显著,其次是35.8%。新鲜发酵木薯渣喂养的猪增重速度与对照组无显著差异,综合考虑生产性能和效益,建议不超过35.8%的新鲜发酵木薯渣替代基础日粮喂养。蒋慧姣(2020)研究显示,环江香猪日粮中添加5%~10%木薯渣或发酵木薯渣,对生长性能和血清生化指标无不良影响,同时可减少饲料费用,提高日采食量、熟肉率和肌肉红度值等指标,并改善胴体性状和肉品质,但长期饲喂可能对免疫系统产生不利影响。李景伟(2015)在西门塔尔牛养殖试验中,用木薯渣替代玉米,替代比例为0%、15%、30%和45%,结果显示,15%替代比例下,肉牛屠宰和胴体指标未受影响;但木薯渣添加量增多,胴体重、肉骨比、净肉率、牛柳重量、背膘厚、牛肉嫩度和脂肪含量显著下降,其他指标影响不显著,但宰前体重、屠宰率和肉质等级呈下降趋势,因此,高比例替代玉米会对肉牛的肉质、生产性能和屠宰特性产生负面影响,而15%的替代比例可减少饲养成本,对肉牛生长和发育无不利影响。木薯秆和叶可作为青贮原料,制作混合青贮料喂养奶水牛,对牛奶成分影响小,但混合比例过高会降低饲料适口性,减少泌乳奶牛的产奶量,因此,木薯秆、叶制作青贮喂养奶水牛的比例应小于50%。魏秀莲等(2012)研究发现,木薯粉可替代玉米喂养奶牛,对产奶性能和奶中营养成分无显著改变,但有助于降低饲养成本,提高养殖效益。周璐丽等(2020)研究指出,在日粮中添加木薯茎叶对海南黑山羊的生长发育有明显改善,对肉质和安全无显著影响。吕小康等(2017)研究表明,木薯渣添加量增加,羔羊的生长性能得到提升,同时未对营养物质的表观消化率和瘤胃发酵产生不利影响,但高比例木薯渣饲喂会削弱羔羊的抗氧化性能、损伤肾脏功能,因此建议木薯渣添加量控制在20%以下。吴灵丽等(2020)用发酵木薯渣替代海南黑山羊饲粮中的王草,替代比例为10%、20%、30%,发现山羊平均每日摄食量显著增长,各处理组间屠宰前体重、胴体重、屠宰率、骨重等胴体性状和脏器系数无显著差异，表明可用发酵木薯渣替代王草饲养海南黑山羊，且20%替代比例效果最佳，羊的生长性能和肉质均得到提升，屠宰特性无负面影响。樊懿萱等（2017）研究发现，不同比例的发酵木薯渣替代湖羊日粮中的玉米，对湖羊的生长、血液中各项生化指标和肉质无负面影响，其中20%的发酵木薯渣替代比例效果最佳，说明饲养湖羊时玉米可用发酵木薯渣替代，从而减少饲养成本。

# 参考文献

白国松，滕春然，王俊洪，等，2024. 酶解玉米蛋白粉替代鱼粉和豆粕对断奶仔猪生长性能和肠道健康的影响 [J]. 畜牧兽医学报，1-17.

宾石玉，李维姣，孙涛，2007. 高蛋白木薯饲料对生长猪生产性能和胴体品质的影响 [J]. 湖南畜牧兽医（5）：3-5.

曹亮，李燕平，郑建婷，等，2021. 喷浆玉米皮对肉兔生长性能、养分表观消化率及肉品质的影响 [J]. 动物营养学报，33（2）：1063-1069.

常文环，刘国华，童晓莉，等，2003. 不同比例生甘薯饲喂生长育肥猪的效果评价 [J]. 饲料研究（11）：1-4.

陈希，姜婉茹，叶平生，等，2021. 麦秸对湖羊瘤胃发酵代谢及肠道组织形态的影响 [J]. 中国农业大学学报，26（8）：120-130.

陈晓帅，2022. 稻谷部分副产物的营养价值评定及其在仔鹅上的比较研究 [D]. 扬州：扬州大学.

程彦茗，范阳，毛胜勇，等，2023. 稻壳粉发酵饲料生产工艺参数优化及其营养成分变化 [J]. 畜牧与兽医，55（9）：30-36.

崔嘉，王伟，郑云朵，等，2018. 甘薯渣固态发酵增值菌种及组合筛选研究［A］.第六届中国生物饲料科技大会论文集［C］.万方数据,244-253.

杜昭昌,王红,闫艳红,等,2021.稻壳和麦麸对鲜玉米秸秆青贮品质的影响［J］.草地学报,29(7):1549-1554.

樊懿萱,王锋,王强,等,2017.发酵木薯渣替代部分玉米对湖羊生长性能、血清生化指标、屠宰性能和肉品质的影响［J］.草业学报,26(3):91-99.

房新鹏,2021.马铃薯渣与两种秸秆混贮品质和体外降解特性的研究［D］.长春:东北农业大学.

何志伟,李培丽,孙开济,等,2023.发酵玉米浆的营养价值评定及其对育肥猪生长性能和血清生化指标的影响［J］.动物营养学报,35(12):7668-7679.

侯军义,2020.麦秸粉颗粒替代苜蓿干草饲喂泌乳荷斯坦奶牛的效果研究［D］.泰安:山东农业大学.

候晓静,2021.添加乳酸菌和米糠对水稻秸青贮品质动态变化的影响［D］.南京:南京农业大学.

黄少文,皮劲松,张巍,等,2014.糙米替代玉米对蛋鸡产蛋性能和蛋品质的影响［J］.湖北畜牧兽医,35(10):7-9.

ROTONDWA M T,2021.不同蛋白质来源和蛋白质水平饲料原料对生长猪肠道形态、通透性和微生物的影响［D］.长春:吉林农业大学.

贾友刚,孔凡科,吕孝国,等,2023.玉米蛋白粉替代豆粕对黄脚麻鸡生长性能、屠宰性能、肉品质、抗氧化能力和肠道评分的影响［J］.动物营养学报,35(6):3734-3744.

蒋慧姣,2020.发酵木薯渣在环江香猪养殖中的应用研究［D］.长沙:湖南农业大学.

蒋慧姣,李净,彭辉平,等,2021.微生物发酵对木薯渣营养成分的影响［J］.微生物学通报,48(2):407-413.

蒋建生,庞继达,蒋爱国,等,2014.发酵木薯渣饲料替代部分全价饲料养殖肉鸭的效果研究 [J]. 中国农学通报, 30 (11): 16-20.

李景伟, 2015. 木薯渣对肉牛生产性能、屠宰性能、胴体品质及血清生化指标的影响 [D]. 泰安: 山东农业大学.

李灵, 2020. 饲粮中添加米糠和酶制剂对肉鸡生长性能及养分表观消化率的影响 [J]. 中国饲料 (11): 54-56.

李永霞, 2022. 日粮中添加玉米胚芽粕对藏羔羊生长性能及瘤胃细菌菌落的影响 [J]. 饲料研究, 45 (15): 23-26.

连洁, 王薇, 梁瑞雪, 等, 2023. 复合菌群构建及其对马铃薯渣动物饲料的发酵条件优化 [J]. 饲料研究, 46 (8): 68-73.

刘华, 2015. 玉米、碎米挤压膨化加工参数优化及其对断奶仔猪生长性能的影响 [D]. 雅安: 四川农业大学.

刘均贵, 崔淘气, 杨新然, 1999. 冬小麦秸秆不同处理饲喂肉牛的效果观察 [J]. 黄牛杂志 (6): 18-20.

刘培剑, 曹玉芳, 朱凤华, 等, 2018. 不同厌氧碱化处理对鲜麦秸营养成分、超微结构和体外发酵参数的影响 [J]. 动物营养学报, 30 (8): 3229-3238.

刘培剑, 朱凤华, 葛蔚, 等, 2017. 尿素-碳酸氢钠复合厌氧处理麦秸对崂山奶山羊养分表观消化率及氮平衡的影响 [J]. 黑龙江畜牧兽医 (23): 154-156, 159.

吕仁龙, 张立冬, 王春, 等, 2020. 不同稻壳比例发酵型全混合日粮对海南黑山羊生长性能的影响 [J]. 中国畜牧杂志, 56 (5): 117-121.

吕小康, 王杰, 王世琴, 等, 2017. 饲粮添加木薯渣对羔羊生长性能、血清指标及瘤胃发酵指标的影响 [J]. 动物营养学报, 29 (10): 3666-3675.

聂新志, 林青青, 阮振, 2008. 家禽对糙米、木薯等饲料代谢能及营养物质消化率的研究 [J]. 中国农学通报 (9):

13-17.

彭海龙, 江书忠, 罗平成, 2019. 稻谷的营养特点及在养猪生产中的应用研究进展 [J]. 饲料博览 (2): 29-32.

邱俊凯, 隋伟策, 木泰华, 等, 2021. 58个不同品种甘薯茎叶营养与功能成分的研究 [J]. 核农学报, 35 (4): 911-922.

邵青玲, 杨艳君, 杜秀平, 2020. 糙米-豆粕型日粮对断奶仔猪生长性能及蛋白质代谢的影响 [J]. 中国饲料 (10): 61-64.

舒维成, 2019. 玉米加工副产物肉鸭代谢能评定及喷浆玉米皮在肉鸭饲粮中的应用 [D]. 雅安: 四川农业大学.

宋博, 郑昌炳, 仲银召, 等, 2020. 低蛋白质饲粮中添加构树全株发酵饲料对育肥猪生长性能、胴体性状和肉品质的影响 [J]. 动物营养学报, 32 (10): 4841-4851.

宋秋红, 孟庆翔, 吴浩, 等, 2021. 中国北方部分地区马铃薯渣和红薯渣的营养价值评定与比较分析 [J]. 中国畜牧兽医, 48 (4): 1222-1228.

孙淼, 鲍官平, 吴启发, 等, 2011. 饲料稻糙米替代玉米饲喂育肥猪的屠宰试验报告 [J]. 当代畜牧 (7): 32-33.

王芳, 任曼, 徐茂森, 等, 2021. 稻壳、大豆皮对肉鸡生产性能、肌肉品质及腺胃肌胃发育的影响 [J]. 安徽科技学院学报, 35 (3): 30-38.

王旭莉, 何晓明, 曾志良, 等, 2017. 木薯渣在生长猪饲粮中适宜比例的研究 [J]. 养猪 (5): 54-56.

王志文, 王海辉, 郑斌, 等, 2019. 日粮中添加发酵木薯渣对哺乳母猪的影响 [J]. 广东饲料, 28 (2): 36-38.

王中华, 毕玉霞, 丛付臻, 2012. 酸化红薯粉渣对肉兔生长性能、免疫器官指数和胃肠pH的影响 [J]. 中国饲料 (11): 36-38.

魏秀莲, 邓程君, 孟庆翔, 等, 2012. 木薯粉代替玉米在奶牛生

产中的示范应用 [J]. 饲料研究 (3): 48-49+53.

吴灵丽, 施力光, 刘强, 等, 2020. 发酵木薯渣替代不同比例王草对海南黑山羊生长性能、屠宰性能及肉品质的影响 [J]. 中国畜牧杂志, 56 (6): 102-105+110.

吴士博, 段佳琪, 肖健, 等, 2020. 不同品种饲料稻糙米生长猪有效能及氨基酸消化率评定 [J]. 动物营养学报, 32 (12): 5636-5645.

徐明念, 2024. 马铃薯渣与玉米秸秆混合青贮饲料对肉山羊生产性能、瘤胃内环境和血液生化指标的影响 [J]. 贵州畜牧兽医, 48 (4): 25-28.

许广庆, 2023. 水稻秸秆发酵饲料对肉牛生长性能、肉品质和经济效益的影响 [J]. 中国饲料 (20): 111-114.

许腾, 2006. 不同青贮处理秸秆对生长期小尾寒羊日增重的影响 [J]. 畜牧与兽医 (11): 23-24.

薛晨, 2021. 复合菌培养物和微生物发酵饲料对肉牛生长性能、非特异性免疫和抗氧化功能的影响 [D]. 呼和浩特: 内蒙古农业大学.

薛建娥, 白建, 2019. 米糠替代玉米对蛋鸡蛋品质的影响 [J]. 中国饲料 (15): 107-109.

于翔, 陈宁, 王嘉盛, 等, 2021. 甘薯渣营养价值及其饲料化利用技术研究进展 [J]. 中国饲料 (23): 124-129.

张海波, 2018. 甘薯渣替代白酒糟对育肥牛肌内脂肪沉积相关基因表达的影响 [J]. 动物营养学报, 30 (11): 4676-4682.

张卫宪, 高永革, 李森, 等, 2002. 不同方法处理秸秆对肉牛生产性能及经济效益影响的比较研究 [J]. 黄牛杂志 (6): 9-12.

张叶秋, 郝帅帅, 高硕, 等, 2016. 米糠高纤维日粮对苏淮猪生长性能及肠道功能的影响 [J]. 南京农业大学学报, 39 (5): 807-813.

郑春雷，郑爱荣，董朝民，等，2016. 小麦秸秆微贮饲料对西杂牛育肥效果的影响 [J]. 畜牧与兽医，48（9）：83-86.

周璐丽，胡海超，王定发，等，2020. 饲喂青贮木薯茎叶对海南黑山羊生长性能和肉质的影响 [J]. 养殖与饲料，19（8）：11-15.

周晓容，杨飞云，谢跃伟，等，2014. 发酵木薯渣在育肥猪上的应用效果研究 [J]. 饲料工业，35（17）：99-101.

# 第四章 油料作物加工副产物资源的开发与利用

油料作物副产物是油料加工后的剩余物，富含蛋白质、脂肪、纤维等营养物质，是畜禽饲料中重要的非常规饲料资源。合理开发利用油料作物副产物，对提高其资源利用率、降低饲料成本、促进畜牧业可持续发展均具有重要意义。常见的油料作物主要包括大豆副产物（大豆皮、大豆秸秆、大豆豆渣）、油菜作物副产物（油菜秸秆）、花生作物副产物（花生秸）和棕榈副产物（棕榈仁粕）。随着相关技术的深入，开发高效、低成本、环保的抗营养因子脱毒技术，提高油料作物副产物的营养价值和安全性将成为动物营养与饲料科学学科发展的趋势之一。通过采取优化加工工艺方式，如脱壳、粉碎、膨化等，可提高油料作物副产物的适口性和消化率。利用微生物发酵技术，亦可降解油料作物副产物中的抗营养因子，提高其营养价值和利用率。在实际应用中，应根据不同畜禽的营养需求，将油料作物副产物与其他饲料原料进行科学配比，以提高饲料的利用效率，降低饲料成本。

## 第一节 大豆副产物资源的开发与利用

大豆作为我国重要的粮油兼用作物，其种植历史悠久，种植面积广泛（图4-1）。然而，我国每年大豆产量仅约为1500万t，进口量却高达近亿吨。近年来我国大豆对外依存度逐年攀升，2014年即已超过80%，凸显了国内大豆资源供给的紧张形势。在如此背景下，充分挖掘大豆副产物的利用价值，对提高资源利用率、缓解饲料粮供需矛盾、促进畜牧业可持续发展具有极为重要的意义。

图 4-1 大豆

大豆副产物主要包括豆粕、豆皮、豆渣和大豆秸秆等。其中，豆粕作为大豆压榨取油后的主要副产物，其产量约占大豆加工量的 80%，粗蛋白质含量高达 43%~48%，且氨基酸组成较为平衡，是畜禽水产养殖中重要的蛋白质饲料来源。据统计，2022 年我国豆粕产量约为 7 500 万 t，其中约 70% 用于猪饲料，20% 用于禽饲料，其余用于水产和其他动物饲料。豆皮是大豆油脂加工过程中产生的另一重要副产物，占大豆总重的 6%~8%，其粗纤维含量高达 40% 左右，是反刍动物良好的粗饲料来源。豆渣是豆制品加工过程中产生的湿副产品，约占大豆总重的 10%，虽然其蛋白质含量可达 20%~25%，但由于含水量高，易腐败变质，限制了其直接利用。大豆秸秆是收获大豆后剩余的茎叶部分，据估算，我国每年大豆秸秆产量约为 7 000 万 t，其粗蛋白质含量在 4%~6%，但粗纤维含量较高，适口性差，传统处理主要作为燃料或被直接丢弃，造成资源浪费和环境污染。不容忽视的是，大豆副产物中也含有一定量的抗营养因子，如胰蛋白酶抑制剂、脲酶、抗原蛋白、植酸、NSP 等，这些抗营养因子会影响动物对营养物质的消化吸收，甚至引发幼龄动物腹泻、生长迟缓等问题，限制了其饲用价值。豆粕中胰蛋白酶抑制剂的含量为 2 000~5 000 TIU/g，脲酶活性为 0.05~0.2SU/g，若不经去毒处理，动物采食后会显著影响其生长性能。因此，加强大豆副产物抗营养因子脱毒技术、精深加工技术及营养价值评定等方面的技术研究，不断提高其利用价值，对于保障我国饲粮安全、促进畜牧业可持续发展都极为重要。

## 一、大豆皮

大豆皮是大豆油脂加工过程中剥离的种皮，是产量仅次于豆粕的大豆加工副产物。据统计，全球大豆皮年产量约为800万t，中国约占1/3。虽然被视为副产物，但大豆皮富含多种营养成分，具有巨大的开发利用价值，尤其在反刍动物养殖中扮演着越来越重要的角色。大豆皮的主要成分包括粗纤维、粗蛋白质、木质素和少量脂肪。其粗纤维含量高达40%~50%，主要由纤维素（22%~28%）、半纤维素（15%~20%）和木质素（5%~10%）构成，能有效刺激反刍动物瘤胃蠕动，促进消化液分泌，是维持瘤胃健康和功能的重要营养物质。此外，大豆皮的粗蛋白质含量在10%~13%，虽然低于豆粕，但高于玉米秸秆等传统粗饲料，且约1/3为非蛋白氮，主要以游离氨基酸和肽的形式存在，可被瘤胃微生物利用合成菌体蛋白，提高饲料氮的利用效率。

### （一）营养特性

大豆皮的营养成分组成较为丰富，但相较于豆粕等蛋白饲料，其营养价值存在一定局限性。其显著特点是富含粗纤维，而蛋白质含量相对较低，消化性较差。如表4-1所示（张牧州等，2020）（以干基计），大豆皮的NDF含量为66.04%，远高于玉米秸秆、稻草等传统粗饲料，是反刍动物瘤胃微生物发酵的重要底物。ADF含量为47.25%，主要由纤维素和木质素构成，对维持瘤胃pH值稳定、促进瘤胃蠕动、防止瘤胃中毒等方面具有重要作用。大豆皮的粗蛋白质含量为12.07%，低于豆粕等常用蛋白饲料。更重要的是，其蛋白质品质较差，非蛋白氮比例高达38.48%，主要以游离氨基酸和肽的形式存在，虽然可被瘤胃微生物利用，但利用效率相对较低。此外，大豆皮中可溶性蛋白含量仅为 26.13%，表明其蛋白质降解率较低，不利于动物消化吸收。大豆皮的粗脂肪含量仅为 1.97%，表明其脂肪含量很低，难以满足动物对能量的需求。此外，大豆皮的淀粉含量也较低（1.17%），虽然碳水化合物含量有 78.38%，主要却以难被动物消化吸收的纤维素、半纤维素等形式存在。大豆皮的灰分含量为 7.58%，其中钙含量较高（0.40%），可部分满足反刍动物对钙的需求，但磷含量较低（0.13%），且生物利用率不高，在实际应用中须注意磷的补充。综上所述，大豆皮是一种粗纤维含量高、蛋白质含量及品质较差的饲料原料，适宜作为反刍动物的粗饲料来源，但不宜作为单一饲料源使用。在日粮配制过程中，应根据动物的品种、生理阶段、生产水平等因素，合理搭配其他饲料原料，并采取相应的加工处理方法，以充分发挥大豆皮的营养价值，提高其利用效率。

表 4-1　大豆皮的常规养分含量（干物质基础）　　（%）

| 项目 | 大豆皮 | 项目 | 大豆皮 |
| --- | --- | --- | --- |
| 干物质 | 92.42 | 可溶性蛋白 | 26.13 |
| 粗脂肪 | 1.97 | 非蛋白氮 | 38.48 |
| NDF | 66.04 | 中性洗涤不溶性粗蛋白质 | 29.27 |
| ADF | 47.25 | 酸性洗涤不溶性粗蛋白质 | 6.31 |
| 酸性洗涤木质素 | 8.13 | 灰分 | 7.58 |
| 淀粉 | 1.17 | 钙 | 0.40 |
| 碳水化合物 | 78.38 | 磷 | 0.13 |
| 粗蛋白质 | 12.07 | | |

（二）饲料化应用效果

近年来，国内外学者对大豆皮的饲料化应用效果进行了大量的研究，结果表明，大豆皮可以作为部分传统饲料原料的替代品，用于猪、禽、反刍动物等的饲养，并在一定程度上提高动物生产性能。刘伟安（2023）的研究发现，在猪饲料中，适量添加大豆皮可以提高妊娠母猪的繁殖性能。在妊娠母猪日粮中添加 5% 的发酵大豆皮，可以显著提高窝健仔数、仔猪初生窝重和初生个体重，同时降低母猪妊娠后期背膘厚度和分娩产程。这可能是因为大豆皮中的粗纤维可以促进肠道蠕动，改善肠道健康，提高营养物质的消化吸收，而发酵过程可以进一步降解抗营养因子，提高大豆皮的营养价值。对于生长育肥猪，大豆皮的添加量须控制在一定范围内，过高比例的添加会导致生长性能下降。在生长育肥猪日粮中添加 5% 的大豆皮，对生长性能没有显著影响，但添加量超过 10% 则会导致平均日增重和饲料转化率下降。在家禽饲料中，大豆皮的添加量一般较低，主要用于替代部分玉米等能量饲料。肉鸡日粮中添加 2%～4% 的大豆皮，可提高饲料转化率，降低饲料成本，但添加量过高则会导致生长性能的下降。张永翠等（2024）试验研究了不同含量大豆皮对湖羊生长性能、瘤胃微生物丰度和多样性的影响。结果表明，添加 10%～20% 的大豆皮能够显著提高湖羊的平均日增重和采食量，降低料重比；但随着大豆皮添加量的增加，瘤胃微生物丰度和多样性下降，其中拟杆菌门丰度上升，厚壁菌门丰度下降，普雷沃氏菌属丰度也受到影响。

## 二、大豆秸秆

大豆秸秆是大豆收获后剩余的茎叶部分，占大豆总重量的 50% 以上，是一种产量巨大的农业副产物。据估计，全球大豆秸秆年产量约为 2.2 亿 t，中国年产量超过 2 500 万 t，是蕴藏着巨大潜力的可再生资源。然而，长期以来，受限于其粗纤维含量高、适口性差、营养价值低等因素，大豆秸秆的利用率一直较低，大部分被直接焚烧或废弃，不仅造成资源浪费，还带来严重的环境污染。与其他农作物秸秆相比，大豆秸秆的粗蛋白质含量相对较高，为 4%～8%，且含有一定量的维生素和矿物质，具有一定的饲用价值。然而，大豆秸秆的木质化程度较高，NDF 含量高达 50%～

60%，其中难以被动物消化吸收的木质素含量可达 8%~10%，导致其消化率低、适口性差，限制了其在畜牧业中的应用。因此，可通过合适的处理方法，有效提高大豆秸秆的营养价值和利用效率，将其转化为优质的饲料资源，对于缓解饲料资源短缺、发展节粮型畜牧业具有重要意义。

（一）营养特性

大豆秸秆虽然产量巨大，但其营养特性存在明显缺陷，主要体现在粗纤维含量高、蛋白质含量及消化率低、木质化程度高等方面，限制了其作为饲料的利用价值。大豆秸秆的有机成分主要为纤维素、半纤维素和木质素，其中粗纤维含量高达 47%左右，远高于玉米秸秆等其他常见秸秆。高比例的木质素（占 8%~10%）和纤维素、半纤维素间的紧密结构，使得大豆秸秆质地坚硬，难以被动物消化吸收。研究表明，豆秸酸性不溶木质素含量比玉米秸秆高出 66.74%，干物质有效降解率仅为 17.98%，比玉米秸秆低 43.26%。其次，大豆秸秆的粗蛋白质含量约为 8%，虽然高于禾本科秸秆，但远低于豆粕等优质蛋白饲料。且随着大豆生长成熟，秸秆中的粗蛋白质含量呈下降趋势，而粗纤维含量则呈现上升趋势。大豆秸秆中虽然含有一定的矿物质元素，但其消化率低，导致矿物质的生物利用率也较低，难以满足动物的生长发育需求。由于其质地坚硬、适口性差，动物对大豆秸秆的采食量较低，进一步限制了其营养物质的摄入。因此，为改善大豆秸秆的营养特性，提高其饲用价值，常采取氨化、微生物处理等方法。如氨化处理可提高动物对大豆秸秆的自由采食量和干物质瘤胃有效降解率，但其效果仍低于氨化处理后的稻草和玉米秸秆。微生物处理可改善其适口性，提高动物对其采食速度和采食量，但对秸秆细胞壁结构的破坏程度有限，固对瘤胃降解率的提高幅度较小。

（二）饲料化应用效果

大豆秸秆富含纤维素，但适口性差、消化率低，限制了其作为饲料原料的应用。然而，通过适当的加工处理，可以有效改善大豆秸秆的营养价值，提高其在畜牧业中的利用率。黄莉莹等（2024）将甜玉米秸秆和湿啤酒糟按3∶1的比例混合青贮，并添加大豆秸将含水量调节为60%，能够显著提高发酵品质和有氧稳定性。该混合青贮饲料的乳酸和乙酸含量较高，好氧细菌和酵母菌数量较少，且有氧暴露7d后pH值仍接近4.2，氨态氮含量显著降低。邸桂俐等（2024）发现，添加0.6%甲酸能显著改善大豆秸秆青贮的发酵品质。与对照组相比，添加甲酸显著降低了青贮的pH值、氨态氮含量、乙酸含量和丁酸含量，并抑制了有害菌梭菌属微生物的生长繁殖，但对乳酸菌的增殖无显著影响。显然，微生物发酵也是提高大豆秸秆饲用价值的有效途径。利用瘤胃微生物或其他优良菌种对大豆秸秆进行发酵处理，可以降解纤维素、半纤维素等难利用物质，并产生有机酸、菌体蛋白等营养物质，提高其消化吸收率。朱勇等（2017）在母羊日粮中添加52.5%的发酵大豆秸秆，能够显著提高母羊产后30d的干物质、粗蛋白质、粗脂肪、有机物的表观消化率，降低血清尿素氮含量；同时，还显著提高了羔羊的初生窝重和断奶窝重，以及母羊初乳中乳脂、乳蛋白、乳糖、乳总固形物和乳非脂固形物的含量。饲喂大豆秸秆能够通过改变湖羊瘤胃微生物发酵类型，促进其对营养物质的吸收利用，从而提高湖羊体重；促进湖羊肌肉生长，提高屠宰性状和改善肉品质（曾瑞伟，2012）。

## 三、大豆豆渣

大豆豆渣是大豆加工过程中提取豆浆或豆腐后的残渣，是豆制品生产中产量巨大的副产物。据统计，全球豆渣年产量约为2 000万t，占大豆总重量的15%~20%。由于豆渣含水量高（约80%）、易腐败变质、适口性差等原因，其利用率一直较低，大部分被直接丢弃或用作低值饲料，造成资源浪费和环境污染。然而，豆渣的营养价值不容忽视。豆渣中含有丰富的蛋白质，其含量高达25%~

30%，与许多植物蛋白饲料相当。此外，豆渣还含有一定量的脂肪、粗纤维、维生素和矿物质等营养成分。豆渣的氨基酸组成较为均衡，必需氨基酸含量较高，是一种优质的植物蛋白来源。近年来，随着人们对资源利用和环境保护的重视，豆渣的开发利用逐渐受到关注。国内外学者开展了大量研究，旨在提高豆渣的利用价值，将其转化为高附加值产品。目前，豆渣的利用途径主要包括以下3种，首先进行饲料化利用，将豆渣进行干燥、发酵等处理，改善其适口性，延长保存期，提高其作为饲料的利用价值。豆渣可作为蛋白质和能量来源，用于猪、禽、鱼等动物的非常规饲料来源。其次，食品化利用，豆渣可作为原料，开发豆渣面包、豆渣饼干、豆渣豆腐等食品，提高其附加值，满足人们对健康食品的需求。最后进行生物质能源化利用，将豆渣进行厌氧发酵生产沼气，或进行生物柴油的制备，实现能源的再生利用。

## （一）营养特性

大豆豆渣虽然是加工副产物，但其营养成分丰富，尤其富含蛋白质、粗纤维和多种矿物质，具有良好的开发利用价值。以干基计，豆渣粗蛋白质含量高达13%~20%，与一些常用植物蛋白饲料相当。其氨基酸组成也较为合理，特别是赖氨酸含量较高（约为4.6mg/100g豆渣蛋白），可以弥补谷类饲料中赖氨酸的不足，提高蛋白质的利用率和营养价值。豆渣中碳水化合物和粗纤维含量较高，占干物质重量的一半以上，其中可溶性纤维含量为5%~8%。大豆纤维是一种优质的粗纤维，可促进肠道蠕动，预防便秘，改善肠道健康。豆渣中还富含钙、磷、镁、钾等矿物质元素，如每100g豆渣干物质中含有钙210mg、磷380mg、钾200mg，可以满足动物对矿物质元素的需求，促进其生长发育。此外，豆渣中还含有一定量的维生素$B_1$、维生素$B_2$等维生素。但豆渣中也含有一些抗营养因子，如胰蛋白酶抑制剂、植酸等，会影响动物对营养物质的消化吸收。因此，在利用豆渣作为饲料时，须进行适当处理如加热、发酵等，以破坏抗营养因子的不利影响，提高其适口性和营养价值。

## （二）饲料化应用效果

大豆豆渣是大豆加工过程中提取豆油或生产豆腐后的副产物，富含蛋白质、脂肪、粗纤维等营养物质，是畜禽良好的饲料源。然而，大豆豆渣也存在一些限制其应用的因素，如适口性差、抗营养因子含量高、易腐败变质等。须经适当处理，以提高大豆豆渣的饲用价值。如采用微生物发酵技术处理大豆豆渣，可降解其中的抗营养因子（如胰蛋白酶抑制剂、植酸等），提高蛋白质的消化吸收率，并产生益生菌和香味物质，改善其适口性。赵运韬等（2023）用发酵酶解豆渣替代3.34%基础饲粮饲喂生长育肥猪，可显著提高其生产性能，平均日增重提高6.1%，平均料重比降低7.3%，死淘率下降2.5%，每千克增重的饲料成本降低9.9%；同时，对猪的胴体性状、肉品质均无不良影响。范阳等（2022）在湖羊日粮中添加20%发酵豆渣，显著提高了湖羊的平均日增重，并降低了增重成本；同时，还提高了日粮干物质、粗蛋白质和NDF的表观消化率；此外，与添加普通豆渣和基础日粮相比，添加发酵豆渣的湖羊胴体重更高，屠宰率和肉色红度更高，滴水损失更低，血清总蛋白更高，尿素氮更低。

## 四、大豆酶解蛋白

大豆酶解蛋白（Enzymolytic soybean meal，ESBM）是以大豆为原料，运用生物工程技术进行转化处理并经高温干燥而成的，适应幼龄动物消化生理特性的一款优质蛋白，满足幼龄动物对蛋白品质的特殊要求。一般来说，豆粕经过蛋白酶水解处理后营养价值将会得到提高，优于普通豆粕，具体表现在胰蛋白酶抑制因子和大豆球蛋白含量降低，而氨基酸的含量升高。另外，ESBM还可以改善蛋白成分的可消化性，形成一定的活性肽，进而促进氨基酸的吸收，促进蛋白质的合成，改善矿物成分的利用水平，保障肠道的健康稳定环境等。

**（一）营养成分**

ESBM 中的小肽含量是大豆、大豆浓缩蛋白和发酵豆粕中的 2~5 倍，且其寡糖和大豆抗原含量极低；同时，ESBM 中酸溶蛋白含量达 28% 以上，抗营养因子清除率高于 90%，具有较高的营养价值（李英洁，2022）。发酵及酶解加工技术使 ESB 具有以下特性：①减少抗营养因子，提高小肽含量；②改善蛋白成分，形成生物活性肽，促进氨基酸吸收和蛋白合成；③改善矿物质的利用率；④保障肠道健康。

**（二）饲料化应用效果**

ESBM 作为蛋白饲料，已经在猪、家禽和水产饲料中得到了广泛研究与应用，证明了其具有的营养价值与饲喂效果。

1. 猪

ESBM 在猪饲料中的应用主要是在断奶阶段。王之盛等（2003）研究发现，在仔猪日粮中添加 ESBM 能显著提高仔猪的生长性能（$P<0.05$）和饲料转化率（$P<0.05$）。张爱民等（2015）研究表明，饲料中加入 1.0% 与 1.5% ESBM，除了能够加快肠道绒毛的生长发育，保障肠道环境的稳定性，进而保障其消化道的健康状态；同时能够提升仔猪对钙等成分的吸收水平，加快骨骼的生长。唐玲等（2015）研究发现，相关大豆蛋白中具有生物活性作用的物质前提是相应的活性肽，如免疫活性肽等，ESBM 通过提升免疫力与抗氧化力，从而改善仔猪的抵抗水平。日粮中添加 1.5% ESBM 优于常规蛋白源提供 1.0% CP 的免疫和抗氧化效果。杨加梅等（2017）研究表明，在母猪饲料中加入 2% ESBM，能够提升动物在哺乳阶段的蛋白质与脂肪代谢水平，另外可强化机体的抗氧化水平，从而提升健康状态，提高生产性能。陈卫东等（2014）研究表明，商品猪日粮中全程添加 ESBM，可为猪提供直接吸收和高效沉积的氮源，同时提高商品猪的消化吸收力、免疫力等，进而改善生长性能，强化经济效益。

2. 家禽

家禽日粮中加入 ESBM，能够明显改善饲养动物的生长性能，降低家禽患病的概率，改善肠道健康。翁洋（2008）将酶解产物复合小肽添加于日粮中饲喂黄羽肉鸡，发现整体的增重水平提升 31.04%（$P<0.05$），料肉比降低 17.29%（$P<0.05$），腹泻率降低 5.95%（$P<0.05$），研究肠道菌群的构成特征与丰富性，随后发现复合小肽对于保障试验鸡肠道健康的环境具有积极作用，在提高菌群丰富性方面有很大的效果。刘宁等（2009）研究报道，在鸡饲料中相应地加入 5%、10%与 15%的 ESBM，替换其他组别中的常规豆粕，在肉鸡饲料中加入 ESBM，能够明显改善鸡的生长水平与消化率指标。沈一茹等（2016）研究表明，在饲料中加入 ESBM 可以改善肉鸡的生长水平与肉的品质，同时在促进肠道发育与提升免疫效果方面具有重大价值，且在添加水平为 0.6%时效果最佳。陈亮等（2016）研究表明，蛋鸡的饲料中加入 ESBM 能够明显增加鸡的重量与数目，同时提升蛋的品质。全面分析 ESBM 对蛋鸡产蛋能力与蛋品质的作用，加入 0.6%的 ESBM 能够实现最理想的效果。

3. 水产动物

ESBM 产品在水产养殖中应用较为广泛，大大提升了鱼虾对营养成分的利用水平以及增重率，同时减低了饲料的转化水平。张国良等（2008）在研究中，用 ESBM 替换鱼粉的比例不断提升，试验中鱼的相对和特定增长率都在不断下降，不过二者之间的差别并不大，但存活率表现出明显的提升趋势。赵处杰等（2007）研究发现，在饲料成分中添加一定的小肽制剂成分，可以在很大程度上改善试验中鱼的生长性能和免疫力。王铵静等（2018）在研究中发现，饲料成分中添加 ESBM 并未改善凡纳滨对虾的生长性能，当加入量超过 3.5%时，将会导致生长性能降低，当加入量分别达到 2.5%与 3.0%时，血清中超氧化物歧化酶活性显著高于对照组（$P<0.05$），而加入量为 1.0%时，能够大大改善凡纳滨对虾的抗病

水平。

## 第二节 油菜作物副产物的开发与利用

我国是油菜生产大国,油菜常年种植面积保持在1亿亩左右,产量在世界总产量中占比为30%左右(图4-2)。2023年我国油菜籽产量为1 631.74万t,同比增长5.1%。目前,油菜在我国28个省(自治区、直辖市)广泛种植,主要分布在以四川、湖南为主的长江流域冬油菜区,以内蒙古为主的北方春油菜区,以及以河南为主的黄淮流域冬油菜区。

图4-2 油菜

油菜籽榨油后,除了菜籽油,还产生了大量的副产物,其中最主要的是油菜秸秆。油菜秸秆是指油菜收获籽粒后遗留在田间的茎秆、枝叶部分,富含纤维素、半纤维素和木质素等成分,占油菜生物总量的35%~45%。据估算,我国每年油菜秸秆产量高达4 000万t以上,占所有作物秸秆总量的10%左右。油菜秸秆营养成分丰富,以干基计,粗蛋白质含量为4%~8%,粗脂肪含量为1%~3%,粗纤维含量为30%~40%,是潜在的优质饲料资源。然而,油菜秸秆中还含有硫苷、植酸和单宁等抗营养因子，影响动物适口性和营养物质消化吸收，限制了其在畜牧业中的推广应用。如硫苷水解产生的异硫氰酸盐对动物具有毒性，可导致动物甲状腺肿大、生长迟缓等问题。

## 一、油菜秸秆的营养特性

油菜秸秆作为油菜籽收获后的副产物，其产量巨大，且具有一定的营养价值，是潜在的优质粗饲料资源。黎力之等（2014）对来自江西、湖北两省5个地区的7个油菜秸秆样品进行营养成分分析，结果表明，油菜秸秆干物质含量较高，平均为87.21%，且变异系数较小（1.16%），说明不同品种和来源的油菜秸秆干物质含量相对稳定。油菜秸秆的总能值为16.63MJ/kg，表明其蕴含着可供动物利用的能量。粗蛋白质含量平均为5.63%，高于稻草和小麦秸秆，与玉米秸秆相当，但低于豆科秸秆。油菜秸秆粗蛋白质含量变异系数较大（1.54%），提示不同品种和来源的油菜秸秆所含蛋白质含量可能存在较大差异，这与其种植条件、收获时期等因素有关。油菜秸秆的粗脂肪含量平均为3.48%，高于其他常见秸秆，这部分脂肪主要来自油菜籽的不完全脱粒及茎叶中残留的少量油脂，可为动物提供一定的能量。此外，油菜秸秆NDF和ADF含量分别为58.70%和51.08%，表明其富含纤维素、半纤维素等成分，能够满足反刍动物对粗纤维的需求，促进瘤胃消化。油菜秸秆的粗灰分含量为5.25%，其中钙和磷含量分别为0.83%和0.06%，矿物质含量相对较低，这与其生长过程中对土壤矿物质吸收利用率有关。综上所述，油菜秸秆具有一定的营养价值，可作为反刍动物的粗饲料来源。但须注意的是，油菜秸秆中含有硫苷、植酸和单宁等抗营养因子，须适当加工处理才能提高其适口性和营养物质消化利用率。

## 二、油菜秸秆的加工利用技术

油菜秸秆作为一种产量巨大的农业副产物，蕴藏着丰富的纤维素资源，对其进行合理的加工利用，不仅能够提高资源利用率，还能创造经济效益，促进畜牧业可持续发展。目前，针对油菜秸秆的加工利用技术主要包括以下几种。

（1）青贮与微贮，利用厌氧微生物发酵，降解抗营养因子，提高适口性和消化率。有研究显示，青贮处理可使油菜秸秆的硫苷含量降低40%以上，体外消化率提高15%左右。

（2）氨化处理，利用氨水或尿素等碱性物质，降解纤维素、半纤维素和抗营养因子，提高消化率。氨化处理可使油菜秸秆的粗蛋白质含量提高50%以上，消化率提高10%~20%。

（3）膨化与制粒，利用高温高压或机械挤压，改变油菜秸秆物理结构，破解其细胞壁，提高消化率和适口性。

（4）混配饲料，将油菜秸秆与其他饲料原料科学配比，弥补单一饲料的营养缺陷，提高饲料利用效率。

### （一）混合青贮

油菜秸秆混合青贮是将油菜秸秆与其他饲料作物（如玉米、牧草等）按照一定比例混合后进行青贮发酵，能够有效改善油菜秸秆的适口性，提高其营养价值和消化利用率。通过混合青贮可以使油菜秸秆的消化率提高10%~20%，粗蛋白质含量提高5%~10%。首先，油菜秸秆富含纤维素（30%~40%），但蛋白质含量较低（5%~8%），而玉米、牧草等饲料作物富含蛋白质和能量，两者混合青贮可以实现营养互补，提高饲料的整体营养价值。王福春等（2015）将油菜秸秆与皇竹草以3:7的比例混合乳酸菌发酵青贮，用以饲喂锦江黄牛，发现干物质、粗蛋白质、NDF和ADF的表观消化率分别提高8.5%、12.7%、15.3%和18.1%。其次，油菜秸秆适口性较差，而玉米、牧草等作物适口性较好，混合青贮可以改善油菜秸秆的适口性，使动物对油菜秸秆的采食量提高

20%~30%。在青贮过程中产生的有机酸可以软化纤维素，提高纤维素的消化率，同时还能促进瘤胃微生物的活动，提高蛋白质等营养物质的消化吸收。最后，与单独青贮相比，混合青贮可以创造更稳定的厌氧环境，有效抑制腐败菌的生长，延长饲料的保存时间，减少营养物质的损失，一般可延长保存时间2~3倍。

（二）氨化

油菜秸秆氨化处理是利用氨水或尿素等碱性物质，提高其营养价值和消化率的有效方法。其作用机制如下。

（1）提高粗蛋白质含量：氨与秸秆中的碳水化合物反应生成非蛋白氮，有效提高粗蛋白质含量。氨化处理可使油菜秸秆的粗蛋白质含量由未处理的4.3%提高至10.2%。

（2）提高消化率：氨化处理可破坏秸秆细胞壁结构，暴露内部的纤维素和半纤维素，使其更易被动物消化酶接触分解，从而提高消化率。经2%氨水处理后的油菜秸秆，其干物质消化率和有机物消化率分别提高了12.5%和16.7%。

（3）降低抗营养因子含量：氨化处理可以有效降解油菜秸秆中的硫苷、植酸等抗营养因子，降低其对动物的负面影响，提高营养物质的吸收利用率。

（4）改善适口性：氨化处理可以软化秸秆，改善其适口性，提高动物采食量。氨化处理是提高油菜秸秆营养价值和利用率的有效途径之一，但氨化处理需要控制氨的浓度、处理时间、温度和密封条件等因素，以达到最佳处理效果，避免氨中毒或处理不彻底等问题。

（三）膨化与制粒

油菜秸秆膨化与制粒技术是通过物理作用改变其物理结构，提高其营养价值和利用率的重要手段。膨化处理利用高温高压，使秸秆中的水分瞬间汽化膨胀，破坏其坚硬的细胞壁结构，增加表面积，提高消化酶与营养物质的接触面积，从而提高消化率。膨化处理可使油菜秸秆的干物质消化率提高 15%~25%，有机物消化率提高 20%~30%。此外，膨化处理还可钝化秸秆中的抗营养因子，使油菜秸秆中的硫苷含量降低 20%~40%，植酸含量降低 10%~20%。制粒是将经过预处理的油菜秸秆，通过机械压缩，使其成为颗粒状的饲料加工技术。制粒可以提高秸秆的容重，便于运输和储存，同时也可改善适口性，提高动物采食量。此外，制粒过程中可以添加其他营养物质，如添加尿素、矿物质、维生素等，进一步提高秸秆的营养价值。将油菜秸秆膨化后制粒饲喂肉牛，可使肉牛的日增重提高 10%~15%，饲料转化率提高 5%~10%。

## 三、油菜秸秆的饲料化应用效果

油菜秸秆作为我国主要的农业副产物之一，产量丰富，但其粗纤维含量高、适口性差、消化利用率低，限制了其在畜禽饲料中的应用。然而，通过适当的处理方法，可有效改善油菜秸秆的营养价值，拓展其在畜牧业的应用空间。以湖南省为例，油菜秸秆年产量高达 660.47 万 t，其中湘北和湘中地区产量最高，分别为 235.84 万 t 和 214.21 万 t；油菜秸秆品质方面，重金属含量差异最大；研究表明，湖南省油菜秸秆最适合生产半纤维素基产品，尤其以湘北地区的油菜秸秆潜力最高，潜力指数达到 0.60（何聪彧等，2024）。姜立春等（2024）从油菜秸秆还田土壤中筛选出一株高效降解木质素的青霉属真菌 MS25；经条件优化后，MS25 产漆酶、过氧化物酶和锰过氧化物酶的活性分别提高了 33.97%、33.28%和 40.35%；在此条件下，MS25 对油菜秸秆和菌糠的木质素降解率分别达到了 44.67%和 43.29%。与未处理和仅高压处理的油菜秸秆相比，高压和酶菌协同发酵处理后的油菜秸秆（SFHPRS）总能、粗蛋白质含量显著提高，NDF 和 ADF 含量显著降低；SFHPRS 的干物质、有机物、粗蛋白质等营养成分的瘤胃降解率也显著高于其他试验组；可见，高压和酶菌协同发酵处理能有效提高油菜秸秆的营养价值（赵娜等，2024）。在另一项研究中发现，与未处理油菜秸秆相比，酶菌协同发酵和固态二次发酵处理均显著提高了油菜秸秆的总能、粗蛋白质含量，降低了NDF和ADF含量；其中，酶菌协同发酵处理后油菜秸秆的干物质、NDF和ADF体外降解率分别提高了55.29%、43.20%和256.62%，瘤胃发酵效果更好，更易被反刍动物消化利用（赵娜等，2023）。

## 第三节 花生作物副产物的开发与利用

花生作为重要的油料作物和经济作物，在全球范围内广泛种植（图4-3）。据FAO统计，2021年全球花生种植面积约为2 900万$hm^2$，产量约为4 800万t。中国是花生生产大国，收获面积居世界第二，仅次于印度，总产量位居世界首位。在花生种植、加工过程中，会产生大量的副产物，主要包括花生壳和花生秸。花生壳是花生果实的外壳，占花生果实总重量的20%~30%，富含纤维素、半纤维素和木质素等，是一种潜在的粗饲料资源。花生壳中粗纤维含量高达50%以上，可作为反刍动物日粮中的粗饲料来源（表4-2）。花生秸秆是花生收获后剩余的花生植株地上部分，占花生植株总重量的40%~50%，含有一定量的粗蛋白质、粗脂肪、粗纤维及钙、磷等矿物质元素，其中粗蛋白质含量为4%~7%，粗纤维含量为30%~40%。花生秸秆可作为反刍动物的粗饲料来源，但适口性较差，消化率低，须进行青贮、氨化等处理以提高其营养价值。然而，花生副产物也存在一些限制性因素，如花生壳适口性差、消化率低；花生藤蔓中含有单宁等抗营养因子；花生粕中易感染AFB等。因此，需要对花生副产物进行科学合理的加工处理，提高其营养价值和安全性，才能更好地应用于畜牧业生产。

图 4-3 花生

表 4-2 花生壳和花生秸的主要营养物质含量（干物质基础） （%）

| 项目 | 花生壳 | 花生秸 |
|---|---|---|
| 总能（MJ/kg） | 17.34 | 16.03 |
| 干物质 | 93.11 | 92.16 |
| 粗蛋白质 | 8.68 | 10.08 |
| 粗脂肪 | 1.66 | 2.06 |
| 无氮浸出物 | 22.69 | 90.31 |
| 粗灰分 | 9.16 | 8.68 |
| NDF | 63.28 | 33.83 |
| ADF | 55.33 | 26.49 |
| 钙 | 0.53 | 1.4 |
| 总磷 | 0.1 | 0.16 |

## 一、花生壳

### （一）营养特性

传统上，花生壳常被作为燃料或直接丢弃，造成资源浪费。然而，随着饲料资源日益紧缺及对花生壳营养价值认识的深入，其作为反刍动物粗饲料的潜力逐渐受到重视。花生壳的主要营养成分是纤维素、半纤维素和木质素，赋予其丰富的粗纤维含量，占65.7%~79.3%，其中NDF占比高达80%。此外，花生壳还含有一定量的其他营养成分，如粗蛋白质含量为4.8%~7.2%、粗脂肪含量为1.2%~1.8%、淀粉含量为0.7%。此外，花生壳中还原糖、双糖和戊糖含量分别为0.3%~1.8%、1.7%~2.5%和16.1%~17.8%。在矿物质元素含量方面，花生壳也较为丰富，其中钙、磷、镁、钾、铁、锰、锌、铜和硼元素含量分别为0.20%、0.06%、0.07%、0.57%、262mg/kg、45mg/kg、13mg/kg、10mg/kg和13mg/kg。然而，花生壳的营养价值受限于其较低的消化率和较差的适口性。未经处理的花生壳消化率仅为10%~20%，这主要是因为其结构中含有大量的木质素和纤维素，限制了动物消化酶的接触作用。

### （二）加工利用技术

花生壳作为花生加工的主要副产物之一，产量巨大，但其营养价值较低，适口性差，制约了其在畜牧生产中的实践应用。为了充分挖掘花生壳的资源潜力，提高其饲用价值，国内外学者对其加工利用技术进行了大量的研究和探索。

物理加工法：主要通过改变花生壳的物理结构以提高其消化利用率。常见的物理加工方法包括粉碎、膨化、辐射等。粉碎可以破坏花生壳的坚硬外壳，减小其粒径，提高其表面积，有利于动物消化酶的接触作用，从而提高其消化率。膨化处理即利用高温高压使花生壳内部的水分汽化膨胀，破坏其纤维结构，从而提高其消化率和适口性。辐射处理则是利用$\gamma$射线、电子束等照射花生壳，降解其木质素和纤维素，提高其消化利用率。

化学处理法：主要利用化学试剂改变花生壳的化学结构，提高其营养价值。常用的化学处理方法包括碱处理、氨化处理等。碱处理是利用氢氧化钠、氢氧化钙等碱性溶液处理花生壳，可有效降解木质素和半纤维素，提高消化率和适口性。氨化处理即利用氨水或尿素等氨化剂处理花生壳，可提高其粗蛋白质含量和消化率。

生物处理法：主要利用微生物发酵降解花生壳中的木质素和纤维素，提高其消化利用率。常用的生物处理方法包括堆肥发酵、真菌发酵等。堆肥发酵是利用高温好氧微生物发酵花生壳，有效降解其有机质，提高消化率和适口性。真菌发酵即利用白腐菌、褐腐菌等真菌降解花生壳中的木质素和纤维素，提高其消化利用率。除了上述传统的加工利用技术外，近年来还涌现了一些新型的花生壳加工利用技术，例如制备生物炭、提取生物活性物质等，这些新技术的应用进一步拓宽了花生壳的利用途径，提高了其附加值。

（三）饲料化应用效果

花生壳是花生加工过程中的主要副产物，富含纤维素、半纤维素等多糖类物质及一定量的粗蛋白质和粗脂肪，具有作为饲料原料的潜力。然而，花生壳中同时存在着单宁等抗营养因子，限制了其营养价值的发挥和动物的消化利用。陈洪博等（2022）利用菌酶协同发酵技术处理花生壳，可有效提高其营养价值；该技术可将花生壳的粗纤维含量降低，同时提高粗蛋白质和氨基酸含量；此外，发酵过程引入的乳酸菌等益生菌，还进一步提升了花生壳的适口性和营养价值，是反刍动物的优质饲料源。郑琳等（2020）研究发现，花生秧的粗蛋白质、NDF、ADF 有效降解率均显著高于羊草，而花生壳的有效降解率则显著低于羊草；表明花生秧营养价值较高，而花生壳木质化程度高，在肉牛饲粮中的添加量不宜过大。高建宇（2024）以花生秧和花生壳替代苜蓿饲喂育肥绵羊，结果表明，添加夏花生秧组的绵羊胴体重和胸围显著高于基础日粮组；添加春花生秧组的绵羊肉质香味、滋味评分及毛利润均显著高于其他组；可见，花生秧替代苜蓿饲喂育肥绵羊，可获得相似的生长和屠宰性能，且春花生秧组的肉品质和经济效益更佳；而花生壳的粗蛋白质、能量等营养物质含量相对较低，且富含木质素等难消化成分，导致其消化率和利用率较低，无法满足绵羊生长所需的营养需求。

## 二、花生秸

### (一) 营养特性

花生秸是花生收获后剩余的茎叶部分，占花生植株总重的40%~50%，是一种产量丰富的农业副产物，又被称为花生秧、花生藤。虽然常被视为农业废弃物，但花生秸具有一定的营养价值，可作为反刍动物粗饲料的潜在来源。花生秸的干物质含量较高，约为92.16%，与花生壳（93.11%）相差不大。其粗蛋白质含量约为10.08%，高于花生壳的8.68%，但相较于豆粕、玉米等传统饲料原料仍有一定差距。花生秸的粗脂肪含量约为2.06%，略高于花生壳的1.66%，但总体含量较低。无氮浸出物（NFE）含量高达90.31%，表明其富含可发酵碳水化合物，可作为反刍动物瘤胃微生物能量的主要来源。花生秸的粗纤维含量约为33.83%，其中NDF和ADF含量分别为33.83%和26.49%，远低于花生壳的63.28%和55.33%。这表明花生秸的纤维消化率可能高于花生壳，更易被反刍动物消化利用。此外，花生秸的钙含量为1.4%，远高于花生壳的0.53%，可以部分满足反刍动物对钙的需求。在总磷含量方面，花生秸和花生壳分别为0.16%和0.1%，差异不大。

### (二) 加工利用技术

1. 晒干

晒干花生秸的工艺流程一般包括收割、晾晒、翻晒、堆垛和贮藏等环节。收割后的花生秸应及时摊开晾晒，以避免堆积发热造成营养损失。晾晒场地应选择在地势较高、排水良好、阳光充足的地方，并将花生秸均匀摊铺，厚度控制在15~20cm。晾晒过程中要及时翻动花生秸，使之受热均匀，加速水分蒸发。在一般情况下，自然晾晒2~3d后，花生秸的含水量可降至20%左右。为了进一步降低花生秸的含水量，达到安全贮藏标准（含水量低于15%），须将晾晒后的花生秸进行堆垛。堆垛时，应选择干燥通风的地方，并将花生秸堆成圆锥形或长方形，高度不超过2m，并留有通风口，以利于散热和防潮。晒干后的花生秸颜色应为淡黄色或浅褐色，质地柔软，无霉变、无异味。为了长期保存，应将晒干的花生秸贮藏在干燥、通风、阴凉的库房内，并定期检查，防止受潮霉变。晒干是花生秸加工利用的重要环节，直接关系到花生秸的品质和后续加工利用的效果。因此，应严格按照操作规程进行，确保晒干质量，充分发挥花生秸的饲用价值。

2. 制粒

花生秸制粒是将花生秸加工成优质饲料的重要途径，其标准化工艺流程包括原料预处理、粉碎、混合、制粒、冷却、筛分和包装等步骤。首先将晒干或青贮后的花生秸铡短至5cm以内，再粉碎至2~4mm的适宜粒径。根据动物营养需求，将粉碎后的花生秸与蛋白质饲料、能量饲料、矿物质、维生素等辅料按比例混合均匀。混合后的物料在制粒机内经高温（80~90℃）、高压作用下，通过模具挤压成型为直径和长度一致的颗粒饲料，并控制适宜的水分含量（13%~16%）。随后，对高温颗粒进行冷却，筛除粉末和过大颗粒，保证产品质量，最后称重、包装，以便于运输和储存。

3. 青贮

青贮是将新鲜花生秸与其他饲料原料混合，在厌氧条件下通过乳酸菌发酵，保存其营养成分的生物学处理技术。青贮可有效解决花生秸适口性差、易霉变等问题，延长其保存时间，是提高花生秸利用率的重要手段。花生秸青贮的标准化工艺流程如下：先选择新鲜、无霉变的花生秸，将其铡短至5~8cm，以利于压实和提高青贮效果。为了提高青贮饲料的营养价值，可根据实际情况添加适量的玉米、高粱等能量饲料原料，或豆粕、棉粕等蛋白质饲料原料，比例一般控制在10%~20%。花生秸青贮的适宜含水量为65%~70%。含水量过低，不利于乳酸菌的生长繁殖，影响青贮效果；含水量过高，则容易滋生腐败菌，导致青贮失败。因此，对于含水量过低的花生秸，需要适当加水调节；而对于含水量过高的花生秸，则需要晾晒或添加吸水材料（如秸秆、干草等）进行调节。随后，将处理好的花生秸均匀装入青贮窖或青贮袋中，每层压实厚度控制在 20~30cm，以尽量排出空气，创造厌氧环境。压实程度是影响青贮质量的关键之一，压实度越高，青贮效果越好。一般要求压实后的花生秸容重达到 500~600kg/m³。在装填完成后，要立即密封窖口或袋口，以隔绝空气，创造厌氧环境，促进乳酸菌的生长繁殖。青贮发酵的时间一般为 30~45d。在发酵过程中，乳酸菌会将花生秸中的糖类物质转化为乳酸，降低 pH 值，抑制有害菌生长，达到长期保存的目的。青贮完成后，即可开窖或开袋取用。取用时应注意保持青贮饲料的清洁卫生，避免二次污染。

（三）饲料化应用效果

花生秸中含有木质素、单宁等抗营养因子，限制了其适口性和营养价值的充分发挥。在生产实践中，可通过合理的加工调制方法，改善花生秸的饲用价值。田吉鹏等（2024）研究发现，花生秸与玉米芯混合青贮的 pH 值、氨态氮和酸性洗涤木质素含量最低，体外干物质消化率最高，但粗蛋白质含量降低，霉菌和酵母菌数量增加；添加菌酶复合添加剂后，青贮饲料的乳酸产量显著提高，pH 值、氨态氮和 NDF 含量显著降低，体外干物质消化率显著提高，其中 PC 组 pH 值降低至 4.16，表明菌酶复合添加剂能有效提升花生秸青贮饲料的发酵品质和营养品质。

## 第四节　棕榈副产物的开发与利用

油棕作为"世界油王"，是热带地区重要的木本油料作物，其果实中提取的棕油和棕榈仁油在食品、化工和生物能源等领域应用广泛（图4-4）。我国油棕种植面积曾经历了快速发展和逐渐缩减的阶段。20世纪80年代，我国油棕种植面积迅速扩大，1985年达到峰值 3 467 万 $hm^2$，但由于品种适应性、栽培及加工技术等问题，种植面积逐渐减少。现今，我国油棕种植面积仅约 $270hm^2$，主要分布在海南和云南的部分地区。油棕产业除了提供植物油脂外，还会产生大量的副产物，其中最主要的是棕榈仁粕。棕榈仁粕是提取棕榈仁油后的剩余物，经过去除杂质和水分控制等加工处理后，呈现为褐色小颗粒状。棕榈仁粕富含粗蛋白质、粗纤维及多种矿物质元素，但同时也含有一定量的抗营养因子，如单宁、植酸等，影响其适口性和消化利用率。

图 4-4　棕榈和棕榈果

为了提高棕榈仁粕的利用价值，减少资源浪费，当前主要采取以下几种方法。①通过物理、化学或生物方法降低抗营养因子含量，改善其营养价值。②将其作为原料，应用于生物质能源、生物肥料、活性炭等产品的生产。③将其作为部分原料，应用于饲料生产，但需要控制添加比例，并采取相应的营养平衡措施。随着科技的进步和发展，对棕榈仁粕的开发利用将更加深入和多元化，使其在保障粮食安全、促进循环经济和推动农业可持续发展方面发挥更大的作用。

## 一、营养特性

棕榈仁粕作为棕榈油提取过程中的副产物，尽管产量可观，但其营养特性却存在一定局限性，这从其主要营养物质和氨基酸含量中可见一斑（表4-3）。棕榈仁粕的粗蛋白质含量约为12.41%，在植物性蛋白饲料原料中处于中等水平，远低于豆粕（40%~50%）等优质蛋白源。此外，从氨基酸组成来看，棕榈仁粕的赖氨酸含量仅为0.38%，远低于动物生长所需的标准，是其第一限制性氨基酸。而蛋氨酸含量相对较高，达到1.65%。因此，所以棕榈仁粕的氨基酸平衡性较差，限制了其在动物生产中的使用量。粗纤维是影响饲料利用率的重要指标之一，棕榈仁粕的粗纤维含量高达20.14%，且NDF和ADF含量分别为68.07%和32.82%，表明其大部分纤维成分难以被动物消化吸收。高纤维含量不仅降低了棕榈仁粕的能量价值（总能仅为18.96MJ/kg），还会影响其他营养物质的消化吸收，限制其在单胃动物饲粮中的应用。此外，棕榈仁粕的钙含量为0.60%，总磷含量为0.49%，虽然含量较为丰富，但由于存在植酸等抗营养因子，矿物质元素的生物学效价较低。综上所述，棕榈仁粕的营养特性表现为蛋白质含量中等但品质欠佳，粗纤维含量高且消化率低，能量值较低，矿物质含量丰富但利用率低。因此，在实际应用中，须充分考虑其营养特点，进行合理的饲料配方设计，并结合物理、化学或生物学等方法处理，以降低抗营养因子含量，提高其营养价值和利用率，才能充分发挥其在动物生产中的作用。

表4-3 棕榈仁粕的主要营养物质及氨基酸含量（干物质基础）（%）

| 项目 | 含量 | 项目 | 含量 |
| --- | --- | --- | --- |
| 干物质 | 92.29 | 谷氨酸 | 2.55 |
| 粗蛋白质 | 12.41 | 脯氨酸 | 0.68 |
| 粗脂肪 | 16.33 | 甘氨酸 | 0.68 |
| 总能（MJ/kg） | 18.96 | 丙氨酸 | 0.75 |
| 粗纤维 | 20.14 | 缬氨酸 | 0.80 |
| NDF | 68.07 | 亮氨酸 | 0.51 |
| ADF | 32.82 | 异亮氨酸 | 1.12 |

(续表)

| 项目 | 含量 | 项目 | 含量 |
| --- | --- | --- | --- |
| 钙 | 0.60 | 酪氨酸 | 0.22 |
| 总磷 | 0.49 | 苯丙氨酸 | 0.79 |
| 天门冬氨酸 | 1.22 | 组氨酸 | 0.28 |
| 苏氨酸 | 0.48 | 赖氨酸 | 0.38 |
| 丝氨酸 | 0.58 | 精氨酸 | 1.65 |

## 二、加工利用技术

为了提升棕榈仁粕的饲用价值，降低抗营养因子影响，改善其适口性和消化率，目前主要采取物理、化学和生物方法对其进行加工处理。物理方法包括粉碎、加热和膨化等，通过改变其物理结构来提高营养物质的释放和消化吸收。化学方法主要利用碱性物质或尿素等进行处理，以降低纤维含量、去除部分抗营养因子、提高蛋白质消化率。生物方法则是利用微生物发酵技术，降解纤维素、木质素等难消化物质，提高整体营养物质的利用效率。

## 三、饲料化应用效果

为了提高棕榈仁粕的利用价值，国内外学者进行了大量的研究。王卫卫等（2023）利用菌酶协同技术处理可使棕榈仁粕粗蛋白质含量增加 15.10%，粗纤维和 NDF 含量分别降低 25.10% 和 21.96%，肉鸡 AME 提高 33.81%；16 种氨基酸（占比 88.9%）的标准回肠消化率显著提高 5.48%~148.28%；表明菌酶协同技术可显著提高棕榈仁粕的营养价值。许小玲等（2023）发现，微生物发酵可显著提高棕榈仁粕的还原糖和粗蛋白质含量，降低 pH 值、NDF 和 ADF 含量；饲喂发酵棕榈仁粕的黑水虻幼虫，其平均体重、体长和体宽显著增加；其中，发酵 3d 组幼虫的生物量、饲料利用率和饲料转化率分别提高了29.71%、29.76%和45.66%，料重比降低了23.60%，生长性能最佳，肠道有益菌属相对丰度增加。利用植物乳杆菌D和酿酒酵母Y1混合发酵，并添加10 000U/g甘露聚糖酶、1 000U/g纤维素酶和200U/g α-半乳糖苷酶的组合处理棕榈仁粕，可使其粗蛋白质含量增加15.10%，粗纤维和NDF含量分别降低25.10%和21.96%；肉鸡试验结果显示，菌酶协同处理棕榈仁粕的AME提高至8.47MJ/kg；添加12%菌酶协同处理棕榈仁粕组肉鸡生产性能最佳，血清蛋白合成代谢指标得到改善；肉鸡盲肠中另枝菌属相对丰度显著提高（王卫卫等，2022）。

# 参考文献

陈洪博，陆灵光，周孝琼，等，2022. 花生壳发酵饲料制备方法与技术 [J]. 畜牧兽医科技信息（9）：30-32.

陈亮，肖伟伟，2016. 大豆酶解蛋白对蛋鸡产蛋性能和蛋品质的影响 [J]. 中国家禽，38（10）：70-72.

陈卫东，吴宁，杨加梅，等，2014. 大豆酶解蛋白对商品猪生产性能和胴体品质的影响及作用机制 [J]. 饲料研究（23）：67-72.

邱桂俐，李青洋，唐厚旺，等，2024. 甲酸处理对菜用大豆秸秆青贮品质及微生物组成的影响 [J]. 黑龙江畜牧兽医（17）：81-85.

范阳，齐伟彪，朱崇淼，等，2022. 日粮中添加发酵豆渣对湖羊生长性能、养分表观消化率、肉品质及血清生化指标的影响 [J]. 草业学报，31（11）：86-93.

高建宇，2024. 花生副产物对育肥绵羊品质的影响 [D]. 阿拉尔：塔里木大学.

何聪彧，陈清健，伏肖，等，2024. 湖南省油菜秸秆资源作为生物质产业原料的潜力量化评估 [J]. 农业工程学报，41

(11): 1-10.

黄莉莹, 崔卫东, 田静, 等, 2024. 大豆秸和稻草对甜玉米秸秆和湿啤酒糟混合青贮的影响 [J]. 草地学报, 32 (3): 945-951.

姜立春, 蒋道玉, 唐邻凯, 等, 2024. 油菜秸秆木质素高效降解菌的筛选、鉴定及降解效果研究 [J]. 饲料研究 (15): 79-86.

黎力之, 潘珂, 袁安, 等, 2014. 几种油菜秸秆营养成分的测定 [J]. 江西畜牧兽医杂志 (5): 28-29.

李英洁, 2022. 酶解大豆蛋白对断奶仔猪生长性能和肠道健康的影响及可能机制研究 [D]. 雅安: 四川农业大学.

刘宁, 张权益, 徐廷生, 等, 2009. 酶解豆粕对肉鸡生产性能和养分消化率的影响 [J]. 中国畜牧兽医, 36 (11): 9-11.

刘伟安, 2023. 发酵大豆皮对母猪繁殖性能的影响 [J]. 养猪 (5): 7-9.

沈一茹, 张珊, 赵旭, 等, 2016. 大豆酶解蛋白对肉鸡生产性能、肉品质、肠道和免疫器官发育的影响 [J]. 中国家禽, 38 (8): 30-35.

唐玲, 肖伟伟, 2015. 大豆酶解蛋白对仔猪免疫力和抗氧化力的影响 [J]. 饲料研究 (18): 48-53..

田吉鹏, 程云辉, 韦青, 等, 2024. 菌酶复合添加剂对花生秸混合青贮饲料品质的影响 [J]. 安徽农业科学, 52 (12): 88-92.

王铵静, 杨奇慧, 谭北平, 等, 2018. 大豆酶解蛋白对凡纳滨对虾幼虾生长性能、血清生化指标、非特异性免疫力和抗病力的影响 [J]. 广东海洋大学学报, 38 (1): 14-21.

王卫卫, 2022. 菌酶协同处理棕榈仁粕及其对肉鸡生长影响机理研究 [D]. 北京: 中国农业科学院.

王卫卫，邓雪娟，李冲，等，2023. 菌酶协同处理对棕榈仁粕营养价值的影响［J］. 饲料工业，44（10）：31-38.

王之盛，况应谷，刘惠芳，等，2003. 酶解去除抗原蛋白饲料对仔猪生产性能的影响［J］. 四川农业大学学报（4）：338-342.

翁洋，2008. 微生物发酵法酶解蛋白及其对黄羽肉鸡生产性能和肠道菌群的影响［D］. 雅安：四川农业大学.

许小玲，李泳璇，余广滔，等，2023. 发酵棕榈仁粕对黑水虻幼虫生长性能及肠道微生物的影响［J］. 饲料研究，46（12）：65-70.

杨加梅，肖伟伟，唐玲，等，2017. 大豆酶解蛋白对哺乳母猪生产性能、营养物质代谢、抗氧化和免疫功能的影响［J］. 饲料研究（20）：16-21.

曾瑞伟，2011. 大豆秸秆中异黄酮对湖羊生长代谢及肉品质的影响［D］. 南京：南京农业大学.

曾旭，谢大识，周凌博，等，2024. 豆渣混合青贮饲料对生态土鸡生长性能和肉品质的影响［J］. 现代畜牧科技（5）：60-62.

张爱民，唐玲，尹佳，等，2015. 大豆酶解蛋白对仔猪生长性能、矿物质利用及消化道健康的影响［J］. 动物营养学报，27（02）：541-550.

张彩霞，付文华，李俊良，等，2024. 菌酶协同秸秆生物发酵饲料营养价值及瘤胃降解率研究［J］. 动物营养学报，36（9）：6038-6048.

张国良，邱彬崇，陈燕，等，2008. 奥尼罗非鱼日粮中酶解大豆蛋白部分替代鱼粉的研究［J］. 养殖与饲料（3）：58-61.

张牧州，郝小燕，项斌伟，等，2020. 4 种反刍动物常用粮食加工副产物的营养价值和瘤胃降解特性的研究［J］. 中国畜牧杂志，56（6）：114-118.

张永翠，杨桂蕾，殷正艳，等，2024. 饲粮中不同豆皮含量对湖羊生长性能及瘤胃微生态区系的影响 [J]. 饲料工业，45（9）86-92.

赵处杰，杨峰，2007. 日粮中酶解蛋白肽替代鱼粉对异育银鲫产生的影响 [J]. 科学养鱼（5）：65-66.

赵娜，郭万正，樊启文，等，2024. 不同处理对油菜秸秆营养品质及其牛瘤胃降解特性的影响 [J]. 中国饲料（15）：181-187.

赵娜，魏金涛，郭万正，等，2023. 不同处理对油菜秸秆营养成分、体外瘤胃发酵特性及菌群结构的影响 [J]. 饲料工业，44（23）：55-64.

赵运韬，郑萍，余冰，等，2023. 发酵酶解豆渣替代部分基础饲粮对生长育肥猪生产性能、肠道健康和肉品质的影响 [J]. 饲料工业，44（18）：17-24.

郑琳，何中国，张立春，等，2020. 吉林省花生秧与花生壳营养价值评价及瘤胃降解特性对比 [J]. 中国草食动物科学，40（4）：21-25.

朱勇，余思佳，包健，等，2017. 发酵鲜食大豆秸秆对母羊繁殖性能、初乳品质及消化性能的影响 [J]. 中国畜牧兽医，44（1）：100-105.

# 第五章　植物加工副产物资源的开发与利用

长期以来，我国农业生产中产生的农副产品大多作为废弃物处理，不仅造成资源浪费，还污染环境。随着科技的进步和人们对资源循环利用意识的增强，农副产品饲料资源的开发利用取得了显著进展。通过物理、化学、生物等方法处理，可以有效提高农副产品的营养价值、适口性和消化吸收率，使其能够替代部分传统饲料，用于畜禽养殖。除了常规饲料副产物外，还包括桑叶加工副产品和茶加工副产品，以桑叶为例，其粗蛋白质含量高达 20%~30%，远高于玉米，桑枝、桑葚渣等加工副产物同样具备饲用价值。茶叶加工副产物富含茶多酚等生物活性物质，可作为饲料添加剂提升畜禽免疫力。

## 第一节　桑叶及其副产物的开发与利用

在全球畜牧业面临资源短缺、环境压力日益加剧的背景下，开发利用非常规饲料资源，特别是数量庞大、营养丰富的农林加工副产物，已成为保障饲料安全、促进畜牧业可持续发展的必然选择（图 5-1）。近年来，随着加工技术的进步和对桑叶营养价值认识的深入，桑叶加工副产物资源的开发利用取得了积极进展，并呈现出以下趋势：从简单晾晒向机械化干燥、粉碎、制粒等方向转变，提高了桑叶的适口性和消化率；从粗饲料直接饲喂向提取桑叶蛋白、桑叶多糖等高附加值产品方向发展，提升了桑叶资源的利用价值。从传统的反刍动物养殖向猪、禽、水产养殖等领域拓展，应用范围不断扩大。本章将聚焦桑叶加工副产物资源，系统阐述其营养价值、加工利用技术、饲喂方法及应用效果，以期为桑叶资源的高效利用和畜牧业可持续发展提供参考。

图 5-1　桑叶

## 一、桑叶加工副产物来源

我国作为桑蚕养殖大国，拥有丰富的桑树资源，这为开发非常规饲料蛋白提供了巨大的潜力。桑树，作为桑科桑属的落叶乔木，具有极强的环境适应性，耐涝、耐旱、耐贫瘠，我国大部分地区均可种植。目前，我国桑树种植面积超过 1 200 万亩，年产桑叶高达 4 000 多万 t，可提供近 200 万 t 蛋白质，相当于 400 万 t 豆粕的蛋白含量。其次，桑树的单位面积产量远超大豆、牧草等传统饲料作物。研究表明，桑树年产干物质可达 $7\sim8t/hm^2$，而大豆仅为 $2\sim3t/hm^2$。同时，桑叶的粗蛋白质含量高，包含全部 18 种氨基酸，其中必需氨基酸占比超过 43%，符合世界卫生组织（World Health Organization，WHO）和 FAO 的标准，营养价值优于苜蓿、甘薯叶等常见饲料。还含有黄酮类、多酚类等生物活性物质。2012 年，中华人民共和国农业部（现"农业农村部"）第1773号公告便已将桑叶、桑枝等收录至《饲料原料目录》。然而，在我国种桑养蚕传统生产模式下仅采叶养蚕，占桑园管理后修剪剩余的桑枝却没有得到充分利用，其利用率仅占生物学产量的1%~3%（万荣等，2022）。此外，桑果榨汁后剩余的桑果渣富含花青素和膳食纤维，亦具有作为饲料补充剂的潜力。近年来，我国科研人员培育出了"饲用桑"新品种，又称蛋白桑，具有蛋白质含量高、氨基酸种类丰富、纤维素含量低的显著特点；同时，桑富含多种活性功能成分，对增强动物生理功能、改善畜禽产品的品质和风味等具有重要作用，进一步提升了桑叶及其副产物的饲用价值，因此，综合利用桑叶及其副产物成为近年来的重要课题。

## 二、桑叶

### （一）营养特性

桑叶富含蛋白质（14.0%~34.2%）和矿物质（2.42%~4.71%钙，0.23%~0.97%磷），可代谢能量（1 130~2 240 kcal/kg）高，消化率高（75%~85%），是潜在的优质蛋白饲料资源。桑叶干物质含量波动范围较大，介于18.0%~30.5%，这与其品种、生长阶段、采摘时间及加工方式密切相关。桑叶的营养成分及含量如表5-1所示（Hassan等，2020）。其中，粗蛋白质含量高达14.0%~34.2%，远高于传统能量饲料玉米，甚至超过部分粕类产品，显示出其作为蛋白源的巨大潜力。值得注意的是，桑叶所含NDF和ADF相对较高，分别为19.4%~49.7%和10.2%~31.8%，这可能会影响其适口性和消化率，需要通过合理的加工处理方式进行改善。桑叶含有动物所需的多种必需氨基酸，且氨基酸比例均衡，其氨基酸比值系数分（SRCAA）值为69.71，与猪肉、牛肉接近，高于多数的植物蛋白（段艳珍等，2024）。其中赖氨酸含量高达0.84%，高于多数谷物饲料，能够有效弥补畜禽日粮中赖氨酸的不足。并且其蛋氨酸含量也较为丰富（1.56%），这对于促进动物生长发育、提高生产性能具有重要意义（表 5-2）。此外，桑叶中还含有丰富的矿物质（钙、镁、钾和磷）和微量营养素，如维生素 C、维生素 D 和维生素 $B_1$、$\beta$-胡萝卜素、铁和锌。还含有多种具有抗氧化和抗炎功能的生物活性化合物（酚酸、类黄酮、生物碱和 $\gamma$-氨基丁酸），以及绿原酸、异槲皮苷和黄芪素等主要抗氧化物质，因此具有较高的营养价值。综上所述，桑叶营养丰富，富含蛋白质、氨基酸等营养物质，具有替代部分传统蛋白饲料资源的潜力。但其纤维含量较高，适口性有待改善，需要结合实际情况，通过科学合理的加工调制，才能更好地发挥其营养价值，应用于动物养殖生产实践中。

表 5-1　桑叶的营养成分及含量　　　　　　　　　　（%）

| 项目 | 含量 |
|---|---|
| 粗蛋白质 | 14.0~34.2 |
| 粗脂肪 | 3.5~8.1 |
| 粗纤维 | 5.4~38.4 |
| NDF | 19.4~49.7 |
| ADF | 10.2~31.8 |
| 粗灰分 | 7.6~22.4 |
| 无氮浸出物 | 25.0~47.9 |

注：数据来源于 Hassan 等（2020）。

表 5-2　桑叶的氨基酸组成及含量　　　　　　　　　　（%）

| 项目 | 含量 |
|---|---|
| 精氨酸 | 0.89 |
| 组氨酸 | 0.39 |
| 异亮氨酸 | 0.88 |
| 苏氨酸 | 0.67 |

(续表)

| 项目 | 含量 |
| --- | --- |
| 赖氨酸 | 0.84 |
| 苯丙氨酸 | 0.91 |
| 亮氨酸 | 1.56 |
| 蛋氨酸 | 0.13 |
| 缬氨酸 | 0.98 |
| 酪氨酸 | 0.55 |

注：数据来源于孙梦琦（2021）。

### （二）加工利用技术

1. 干燥技术

新鲜桑叶含水量高，易腐烂变质，不利于长期保存和运输。干燥是桑叶加工最常用的方法，可以有效降低水分活度，延长保存期限。常用的干燥方式包括自然晾晒、热风干燥、微波干燥、冷冻干燥等。其中，自然晾晒成本低，但受天气影响大，干燥时间长，营养物质损失较多；热风干燥效率高，但温度控制不当易导致营养成分破坏。微波干燥速度快，能够较好地保留营养成分，但成本较高。冷冻干燥能最大程度地保留桑叶的营养成分和生物活性，但成本最高。

2. 粉碎技术

桑叶经过干燥处理后，通常体积较大，且质地较为坚韧，不利于动物采食和消化吸收。为了提高桑叶的利用效率，粉碎技术成为桑叶加工中的重要环节。粉碎技术旨在将干燥后的桑叶破碎成适宜的大小，以提高其表面积，进而改善动物对桑叶营养物质的消化吸收率。常用的桑叶粉碎设备主要包括锤片式粉碎机、齿爪式粉碎机和气流式粉碎机等。锤片式粉碎机适用于较大规模的桑叶粉碎加工，其特点是产量高，粉碎效率高，但粉碎粒度分布相对较宽。齿爪式粉碎机适用于中小规模的桑叶粉碎加工，其粉碎细度较高，但产量相对较低。气流式粉碎机利用高速气流对桑叶进行碰撞、摩擦，实现粉碎，其特点是粉碎细度高，且能够较好地保留桑叶中的生物活性物质，但设备成本相对较高。

3. 制粒技术

将桑叶粉加工成颗粒饲料是提高其适口性、利用率和便于储存运输的重要手段。制粒过程是将桑叶粉和其他辅助原料，例如玉米粉、豆粕等，按照一定的比例混合均匀后，通过机械加压和模孔挤压，最终形成具有一定形状、大小和硬度的颗粒饲料。制粒技术能够有效改善桑叶粉的流动性，减少粉尘，便于自动化饲喂。此外，制粒过程中高温高压的环境能够钝化桑叶中的一些抗营养因子，提高其消化利用率。还能根据不同动物的营养需求，添加相应的维生素、矿物质等，实现营养均衡，提高饲料的营养价值。在桑叶制粒过程中，需要注意控制好制粒温度、压力、水分等工艺参数，以保证颗粒的硬度、粒径和水分含量符合标准。在通常情况下，制粒温度控制在 80~90℃，水分含量控制在 10%~14% 为宜。过高的温度会导致桑叶中的营养成分损失，而过低的温度则会导致颗粒硬度不足，易碎裂。

4. 生物发酵技术

桑叶中含有较多的纤维素、半纤维素等难被动物消化吸收的物质，限制了其营养价值的深度发挥。生物发酵技术作为一种绿色环保的处理手段，其原理是利用微生物如乳酸菌、酵母菌和芽孢杆菌等，在适宜的温度、湿度和 pH 值条件下，对桑叶中的有机物质进行分解转化。通过生物发酵，可以将桑叶中复杂的大分子物质分解成小分子物质，例如单糖、氨基酸、有机酸等，提高营养物质的消化吸收率。同时，发酵过程中产生的多种消化酶如纤维素酶、半纤维素酶等，能进一步分解桑叶中的纤维素和半纤维素，提高其利用价值。黄光云等（2020）设计自然发酵法发酵桑枝叶，结果在常温发酵条件下生成大量丁酸，表明桑枝叶直接青贮不利于改善桑枝叶发酵品质，添加植物乳杆菌能够提高桑枝叶青贮品质。叶添梅等

(2020)研究了乳酸菌、枯草芽孢杆菌和酵母菌三者复配发酵桑叶粉、桑叶粉与豆粕粉混合物，发现桑叶粉与豆粕粉的混合比例对其粗蛋白质含量影响最大，其次才是发酵方式和发酵时间。朱佳文等（2021）研究表明，单用枯草芽孢杆菌或枯草芽孢杆菌与地衣芽孢杆菌复配使用提高了发酵桑叶粗蛋白质含量。万荣等（2022）发现，布氏乳杆菌和枯草芽孢杆菌都能够在发酵时提高桑叶粗蛋白质含量，并有效降解纤维，其中布氏乳杆菌处理桑枝叶的发酵品质优于枯草芽孢杆菌，添加 $10^6$ CFU/g（鲜重）的布氏乳杆菌发酵 15d 后，桑枝叶粗蛋白质含量提高 11.38%，NDF 下降 32.08%，干物质含量提高 16.33%。其进一步的研究表明，单独或联合添加乳酸菌与纤维素酶均能显著提高干物质和 NDF 瘤胃降解率，提高桑枝叶的营养价值，并确定有效乳酸菌数量为 $10^6$ CFU/g（鲜重），且以乳酸菌和纤维素酶混合添加时效果最好（万荣等，2023）。并且，生物发酵还能产生多种益生菌和生物活性物质，如乳酸、细菌素等，这些物质能够抑制有害菌的生长繁殖，改善动物肠道健康，提高机体免疫力。此外，生物发酵可以有效降低桑叶中单宁、植酸等抗营养因子的含量，进一步提高其营养价值。

5. 提取技术

桑叶中蕴含着丰富的生物活性物质，如黄酮类化合物、多酚类化合物、生物碱等，这些物质具有抗氧化、抗菌、免疫调节等多种生物学功能，在医药、食品和饲料添加剂等领域具有广阔的应用前景。为高效利用这些活性成分，提取技术应运而生。当前，常用的桑叶提取技术包括溶剂提取法、超声波提取法和微波提取法等。溶剂提取法利用活性成分在特定溶剂中的溶解度差异进行提取，操作简便，但提取率受溶剂种类、提取时间和温度等因素影响较大。超声波提取法利用超声波的空化效应、机械效应和热效应，提高细胞壁的通透性，促进活性成分的释放，具有提取时间短、提取率高和提取温度低等优点。微波提取法是利用微波的热效应和非热效应，加速活性成分的溶出，具有提取时间短、提取率高和产品质量好等优点。

### (三) 饲料化应用效果

我国蛋白质饲料原料供应形势不断趋紧，高度依赖进口，如 2022 年我国进口大豆总量近 9 100 万 t，其中超过 80% 的进口大豆被用作畜禽饲料，2022 年 10 月，豆粕均价攀升至 5 374.62 元/t 的历史高点。饲料行业对豆粕的减量替代越来越重视，国家层面也积极采取策略降低对进口大豆的高度依赖。所以，对产业规模大、蛋白质含量高的桑资源开展饲料化研究与功能性活性物质开发利用，一方面有利于丰富我国的植物蛋白饲料资源品种，为畜禽养殖业提供充足的蛋白资源发挥重要作用，另一方面对于拓展种植户（场）经济收益，助力乡村振兴也具有重要的现实意义。

桑叶的黄酮类化合物、生物碱等具有广谱抗菌活性。研究发现，桑叶提取物对金黄色葡萄球菌、大肠杆菌、沙门氏菌等多种常见致病菌均有一定的抑制作用。其抗菌机制可能与其破坏细菌细胞壁结构、抑制细菌 DNA 和蛋白质合成等有关。黄酮类化合物和生物碱还能清除体内自由基，减轻氧化应激损伤。还能够通过抑制胆固醇合成、促进胆固醇分解与排泄等途径，降低血液中胆固醇和甘油三酯的含量。在高脂日粮中添加桑叶粉可以显著降低试验动物血清中总胆固醇（Total Cholesterol，TC）、低密度脂蛋白胆固醇（Low Density Lipoprotein-Cholestero，LDL-C）的含量，提高高密度脂蛋白胆固醇（High Density Lipoprotein-Cholestero，HDL-C）的含量，改善血脂代谢紊乱。在肉鸡饲粮中添加 2%~6% 的桑枝叶粉，可显著提高肉鸡的血清总蛋白含量、抗氧化能力、淋巴细胞增殖活性和血清溶菌酶活性，并降低血清谷丙转氨酶、谷草转氨酶、尿素氮和胆固醇含量，抑制 HMGCR 和 SREBP-2 表达，促进低密度脂蛋白受体相关蛋白（LDLR）表达，改善机体胆固醇代谢（李海洲等，2023）。李孟伟等（2024）在水牛日粮中添加 45g/（头·d）桑叶黄酮，发现显著降低了泌乳中期水牛血清低密度脂蛋白和蛋氨酸含量，显著提高了血清胰岛素含量、泌乳量、乳蛋白和乳脂肪含量；表明桑叶黄酮可通过调节氨基酸和脂质代谢，提高水牛的泌乳性能。桑叶多糖是桑叶中重要的生物活性物质之一，具有增强免疫细胞活性和提高机体免疫力的作用。研究表明，桑叶多糖能够促进淋巴细胞增殖，提高巨噬细胞吞噬能力，增强自然杀伤细胞（Natural killer cell，NK cell）活性，从而提高机体的免疫应答能力。桑叶中的生物碱、多糖等多种活性成分，能够通过抑制 α-葡萄糖苷酶活性、促进胰岛素分泌、提高胰岛素敏感性等途径，降低血糖水平。此外，桑叶还具有一定的抗肿瘤、抗疲劳、保肝护肝等作用。李昊帮等（2020）在肉牛的研究表明，饲料中以 10%~30% 的发酵桑叶替换部分其他饲料原料，能够提高育肥牛平均日增重，降低血清葡萄糖（Blood glucose，GLU）、TC 及丙二醛（Malondialdehyde，MDA）含量，调节其血糖、血脂及抗氧化功能。凌浩等（2021）用 16% 的发酵桑叶替代奶山羊饲粮中的青贮玉米，发现发酵桑叶能够改善奶山羊日粮中粗蛋白质和 ADF 的表观消化率，降低瘤胃液 pH 值，提高血清高密度脂蛋白含量，降低血清尿素氮含量，提高奶山羊的乳蛋白率。表明青贮桑叶同比例替代青贮玉米可以促进奶山羊瘤胃发酵，提高养分表观消化率，改善乳品质。万荣等（2023）在荷斯坦犊牛的饲料中以 10% 和 20% 的发酵桑叶替换部分豆粕，苜蓿和青贮玉米，发现饲料添加发酵桑叶能够提高荷斯坦犊牛的平均日增重，降低血清 TC 和尿素氮含量，降低血清 MDA 含量，提高总抗氧化能力（Total Antioxidant Capacity，T-AOC），表明发酵桑叶能够调节血脂代谢并提高抗氧化功能，改善机体健康，促进动物生长。刘岩等（2024）利用含 9% 富硒桑叶的配合饲料饲喂体重 70~110kg 长白猪，发现 110 kg 以内的试验动物增重效果明显，疾病发生率显著降低，且试验组猪的屠宰率优于对照组，表明生长育肥猪日粮中添加富硒桑叶对其健康度和屠宰性能有促进作用。

## 三、桑枝

### （一）营养特性

桑枝是桑园中生物量最大的资源，也是蚕桑产业占比最高的副产物，每年桑园可收获 12~22t/hm² 的鲜桑枝（吴洪丽等，2022），远高于传统秸秆类作物。传统蚕桑产业将桑枝用作燃料或食用菌栽培基质，或直接作为废弃物抛弃，总体利用率较低。桑枝不仅含有粗蛋白质、矿物质和氨基酸等营养物质，还含有黄酮、多糖和生物碱等活性成分，具有抗氧化、抗菌、抗炎和降血脂等药理价值，具有作为新饲料资源开发利用的潜力。桑枝的主要营养成分如表 5-3 所示，其中粗蛋白质含量为 4.20%~6.48%，高于构树等其他树枝，甚至高于大部分秸秆类饲料，而粗纤维、NDF、ADF 的含量较低，此外，桑枝中富含钾、钙、镁等 16 种矿质元素，硒的含量尤其高，因此常被用作培养富硒蘑菇。综上所述，与其他秸秆类作物相比，桑枝产量高、粗纤维含量相对较低，在饲料开发中具有一定优势。

表 5-3　桑枝的营养成分及含量　　　　　　　（%）

| 项目 | 含量 |
| --- | --- |
| 粗蛋白质 | 4.20~6.48 |
| 粗脂肪 | 1.35~3.79 |
| 粗纤维 | 22.93~35.27 |
| 粗灰分 | 2.81~5.86 |

注：数据来源于王晶晶（2023）。

#### （二）加工利用技术

1. 桑枝粗加工

新鲜桑枝储存困难，因此通常需要经过粉碎、制粒或膨化等粗加工处理。常见的粉碎方式包括直接干燥粉碎、杀青后烘干粉碎、浸提后干燥粉碎等，粉碎后制成的桑枝粉可直接作为饲料补充剂，或作为辅料或添加剂与其他中药成分混合，煮沸过滤后加工成具有药用价值的功能性饲料。也可以进一步进行制粒处理，还可采用膨化设备将桑枝条膨化处理，使桑枝的枝条纤维变得柔软，减少桑枝屑对动物食道的损伤,经过膨化处理后其营养成分可达到一级粗饲料的标准。郑旺等(2018)利用膨化设备将桑枝100℃膨化5min,倒出并于110℃干燥,粉碎过30目筛。处理结果表明,桑枝经膨化处理后,其纤维素和木质素结构被破坏,桑枝条蛋白质含量上升了7.27%,NDF与ADF含量分别下降了24.17%和15.61%,饲料价值提升。

2. 热裂解

桑树枝慢速热裂解能够制备桑枝生物炭。利用高温在无氧条件或有限氧条件下,桑枝发生生物质大分子内的化学键断裂,桑枝的生物质转化为固体碳。生物炭具有多孔结构和高吸附性,其吸附功能可以固定营养成分,提高酶和微生物活性,从而提高饲料利用率;减少有害物质和毒素在肠道内蓄积,优化肠道健康;改善脂肪代谢,降低血脂水平,减少脂肪蓄积。桑枝生物炭的pH值、灰分、阳离子交换量和有效磷含量较高,是良好的饲料补充剂。

3. 发酵处理

新鲜桑枝的含水率较高,不适合直接青贮,并且桑枝中的单宁、植物凝集素等物质会影响非瘤胃动物的适口性甚至影响家禽的肉质,因此新鲜桑枝最好是采取微贮饲料工艺进行加工,即采用微生物发酵加工,由此可获得耐贮藏、适口性好、利用率高以及消除了上述不良物质的粗饲料。桑枝发酵通常采用乳酸菌、枯草芽孢杆菌、酵母等中低温细菌,在饲料发酵过程中,乳酸菌可以产生大量的乳酸,降低pH值,抑制有害菌的生长;枯草芽孢杆菌产生的淀粉酶、蛋白酶、纤维素酶等,不仅可以将大分子营养物质水解,提高营养消化率,还可以将粗饲料中的纤维素、木质素等抗营养因子分解,提高饲料价值。酵母中含有丰富的蛋白质、氨基酸等营养物质,可以促进动物机体健康。黄光云等(2020)采取分阶段接种发酵的方式制备发酵桑枝叶,第一阶段接种米曲霉进行有氧发酵2d,第二阶段接种植物乳杆菌进行无氧青贮发酵,与自然发酵桑枝叶对比,接种发酵使发酵桑枝叶粗蛋白质含量提高17.24%,另外 NDF 和 ADF 的含量分别降低了 5.73%和 8.65%。

(三) 饲料化应用效果

桑枝的主要成分为黄酮、生物碱、多糖等多种功能性物质。其中,桑枝生物碱具有调节糖脂代谢和肠道菌群、保护胰岛 β 细胞、改善葡萄糖刺激的胰岛素分泌功能、刺激 GLP-1 分泌等作用,不仅能够降低血糖水平,还能调节脂质代谢,改善肠-胰岛轴功能和机体炎症状态。桑树多糖具有抗氧化、降血糖、免疫调节以及调节肠道微生物,维持机体健康等作用。桑黄酮具有降血糖、降血脂、调节肠道微生物菌群等作用。通过桑枝在反刍动物中的饲喂试验发现,桑枝饲料有利于动物机体生长发育。周芳芳（2020）在比较不同粗饲料对哺乳期荷斯坦奶牛生长发育影响时发现,桑枝饲料可以显著提高奶牛血清中 IgG 的浓度,表明饲喂桑枝有利于提高动物机体免疫力和抗病力。饲粮配合 8%饲料桑可以显著提高育肥湖羊的平均日增重和 GR 值,可显著提高瘤胃背囊肌层厚度和背囊的乳头长度,有利于瘤胃发育；显著提高湖羊血清中 GSH-Px 活力,提高了 T-AOC。饲粮配合饲料桑可显著提高湖羊背最长肌红度、显著降低挤压硬度和穿刺力,可改善肉品质（寇宇斐,2021）。饲料中添加桑枝生物炭能促进大口黑鲈鱼体脂肪代谢,减少鱼体脂肪蓄积,提高抗氧化能力。李金鸿等（2024）研究饲料中添加桑枝生物炭对大口黑鲈的影响,结果显示添加 10~20 g/kg 效果最好,饲料添加桑枝生物炭能够降低大口黑鲈粗脂肪含量,降低血清尿素、甘油三酯、胆固醇和谷草转氨酶含量。降低血清 MDA 含量,提高肝脏 T-AOC 和超氧化物歧化酶（Superoxide dismutase, SOD）活性。在饲粮中添加桑枝提取物,能够显著提高黄羽肉鸡 GLU 含量,提高血清和肝脏 SOD、过氧化氢酶（Catalase, CAT）活性及 T-AOC,降低血清和肝脏 MDA 活性。结果表明,饲粮中添加桑枝提取物可降低黄羽肉鸡采食量,降低腹脂率,提高机体抗氧化能力,但对生产性能及机体健康没有负面影响,以添加 3 g/kg 为宜（卫鑫岚等,2024）。

## 四、桑果渣

### (一) 营养特性

桑果皮薄、汁多、色彩鲜艳（图5-2），并且产量大，一般鲜桑果产量可达22.5~37.5t/hm$^2$，既可鲜食，也被广泛用于制作果汁、果酒、果醋等产品。通常加工1t鲜桑果，可以生产400~500kg新鲜果渣，并在干燥后获得120~165kg干果渣（郝森林，2019）。桑果渣作为桑果汁生产的副产物，其中依然保留了桑果的大部分营养功能成分，在饲料化应用方面依然显示较高的价值。表5-4记录了桑果渣的营养成分及含量，其中粗蛋白质含量达到12.35%，含量较高；粗纤维含量为3.8%，低于其他常见粕类和果渣饲料。此外，桑果渣中含有花色苷、总酚等生物活性物质，具有抗氧化作用，说明桑果渣具有较高的饲料化利用潜力。

图5-2 桑果

表5-4 桑果渣的营养成分及含量 （%）

| 项目 | 含量 |
| --- | --- |
| 粗蛋白质 | 12.35 |

(续表)

| 项目 | 含量 |
| --- | --- |
| 粗脂肪 | 1.8 |
| 粗纤维 | 3.8 |
| 粗灰分 | 1.29 |

注：数据来源于李仕培（2024）。

### (二) 加工利用技术

发酵桑果渣不仅可以提高桑果渣的营养价值，还可以提高其多种生物活性。郝森林等（2019）用枯草芽孢杆菌、产朊丝酵母、纤维素酶菌等与桑果渣、麦麸进行混合菌种厌氧发酵，桑果渣蛋白含量随着发酵时间延长而上升，另外比较不同菌种组合时发现产朊丝酵母+罗伊氏乳杆菌+乳酸片球菌组合的产蛋白能力较高，用产朊丝酵母+纤维素酶菌+蛋白酶菌+乳酸片球菌厌氧发酵时，发酵桑果渣总酚含量与花色苷含量呈现先下降后上升的趋势。Tang等（2021）用植物乳杆菌发酵桑果渣，发酵时间为0~3d时，活菌数从8.16 log CFU/mL，增加至9.231 log CFU/mL，由于微生物发酵，释放了桑果渣内结合型的酚类化合物，并且促进了酚类化合物解聚，使得发酵桑果渣抗氧化能力提高。Tang等（2021）在体外结肠发酵试验中发现，发酵桑果渣可以提高短链脂肪酸与乳酸的含量，抑制粪便区系的有害病原菌增殖，有利于维持肠发酵桑果渣不仅可以提高桑果渣的营养价值，还可以提高其多种生物活性。

### (三) 饲料化应用效果

桑果渣中含有多酚、花青苷等物质，具有清除自由基、抑制脂质氧化和血小板凝聚、抗感染、降低毛细血管脆性和通透性、减肥、护肝、抗肿瘤、提高视力、控制糖尿病等作用，饲料中添加桑果渣，在不影响动物生产性能的情况下，能够改善动物的肠道微生物菌群，维持机体健康。Zhou等（2014）发现，在基础日粮中添加 6.3%晒干的桑果渣，可以提高瘤胃微生物对氨氮的利用率，降低育肥牛瘤胃中氨氮的浓度，并且在不影响正常生产性能的前提下，可以降低饲料的成本。桑果渣可以维持育肥牛肠道与瘤胃中微生物的组成，维持机体肠道的健康（Li 等，2017）。

## 第二节 茶加工副产品资源的开发与利用

茶，作为世界三大饮料之一，与咖啡、可可并称为世界三大饮料作物，其种植面积和产量近年来持续增长，由此产生了数量庞大的加工副产品（图 5-3）。据 FAO 统计，2023 年全球茶叶产量超过 670 万 t，其中，中国、印度、肯尼亚是全球三大茶叶生产国，产量约占全球总产量的 70%。然而，在茶叶加工过程中，会产生大量的副产品，如茶渣、茶末、茶梗等，占茶叶原料总量的 70%~80%，相当于每年产生近 1 000 万 t 茶叶加工副产品。长期以来，这些副产品大多被直接丢弃或焚烧处理，不仅造成资源浪费，还带来环境污染问题。然而，茶叶加工副产品蕴藏着丰富的生物活性物质和营养成分，如茶多酚、茶多糖、茶皂素、蛋白质、脂类、茶氨酸和矿物质等。其中，茶多酚作为一种天然抗氧化剂，具有清除自由基、抗肿瘤、降血压、降血脂等多种生物活性，其含量在茶叶加工副产品中可高达 10%~30%；茶多糖具有免疫调节、抗病毒、抗辐射等作用，其含量亦可达 5%~15%。

**图 5-3 茶叶**

近年来，国内外在茶叶加工副产品的提取技术、深加工产品开发和饲料化利用等方面开展了一些研究。例如，利用茶渣提取茶多酚和茶多糖等生物活性物质，开发功能性食品、保健品和化妆品等高附加值产品；利用茶末、茶梗生产食用菌和生物肥料等，实现资源的循环利用；以及将茶叶加工副产品进行科学化处理后添加到畜禽饲料中，显示提高动物的免疫力、抗病力和生产性能等。

## 一、茶叶的营养特性

茶叶源于数千年前的神农时代，历经漫长岁月，已发展成为风靡全球的饮品，其文化内涵和健康益处备受推崇。作为山茶科植物茶树的叶片，茶叶不仅承载着独特的香气和口感，更蕴藏着丰富的生物活性物质，对人类和动物健康具有多重积极影响（表5-5）。茶叶中富含多酚类化合物，其中以儿茶素最为重要，占茶多酚总量的70%~80%。儿茶素具有强大的抗氧化能力，能够有效清除自由基，保护细胞免受氧化损伤。研究表明，茶多酚的抗氧化能力是维生素E的18倍、维生素C的30~70倍，在抗衰老、预防心血管疾病和抑制肿瘤生长等方面展现出巨大潜力。除多酚类化合物外，茶叶中还含有丰富的茶氨酸、茶多糖和咖啡碱等生物活性成分。茶氨酸是茶叶中特有的氨基酸，占干重的1%~2%，具有缓解焦虑、改善情绪和提高学习记忆能力等作用。茶多糖则表现出良好的免疫调节、降血糖和降血脂等生物学功能。近年来，随着研究的深入，茶叶的生物学功能及其作用机制不断被揭示。如茶多酚可通过调节细胞信号通路、抑制肿瘤血管生成和诱导癌细胞凋亡等途径发挥抗肿瘤作用；茶氨酸可通过调节神经递质水平和促进神经元生长等机制改善认知功能。

表5-5 茶叶的主要成分及含量

| 成分 | 占干物质总量（%） | 主要组成成分 |
| --- | --- | --- |
| 蛋白质 | 20~30 | 谷蛋白、精蛋白、球蛋白、白蛋白等 |

(续表)

| 成分 | 占干物质总量（%） | 主要组成成分 |
| --- | --- | --- |
| 糖类 | 20~25 | 纤维素、果胶、淀粉、蔗糖、葡萄糖等 |
| 脂类 | 8 | 磷脂、硫脂、糖脂、茶皂素 |
| 氨基酸 | 1~4 | 茶氨酸、谷氨酸、精氨酸、丝氨酸等 |
| 维生素 | 0.6~1.0 | 维生素C、维生素A、维生素E、维生素D、B族维生素等 |
| 矿物质 | 3.5~7.0 | 钾、磷、钙、镁、铁、锰、硒、铝、铜等 |
| 茶多酚类 | 24~36 | 儿茶素、黄酮（醇）、花青（白）素、酚酸等 |
| 生物碱类 | 3~5 | 咖啡碱、可可碱、茶叶碱等 |
| 茶色素 | 1 | 叶绿素、胡萝卜素、叶黄素等 |
| 芳香物质 | 0.005~0.03 | 醇类、醛类、酸类、酮类、内酯类等 |

茶叶中不仅含有许多生物活性物质，还拥有丰富的营养成分，对动物的生长发育和健康调节具有多方面的积极影响。茶叶中蛋白质含量可达干物质的20%~30%，其中包含了多种必需氨基酸，例如赖氨酸含量为1.1%~1.5%、亮氨酸含量为1.5%~2.0%、苏氨酸含量为0.8%~1.2%等，能够满足动物部分蛋白质需求。值得注意的是，茶叶中还含有一种独特的氨基酸——茶氨酸，其含量可占总氨基酸的50%左右，以干基计，为1%~4%。茶叶中维生素种类丰富，尤以维生素C含量最为突出，可达干物质的0.2%~0.5%；还含有一定量的维生素A原（β-胡萝卜素，为0.01%~0.03%）、B族维生素（如维生素$B_1$为0.004%~0.01%、维生素$B_2$为0.01%~0.02%）、维生素E（为0.1%~0.2%）、维生素K（为0.05%~0.1%）等，能够补充动物体内维生素需求，增强机体抗氧化能力和免疫功能。茶叶中还富含多种矿物质元素，其中钾含量为1.5%~2.5%、钙含量为0.3%~0.5%、磷含量为0.2%~0.3%，能够满足动物骨骼生长和生理代谢的需求。此外，茶叶中还含有多种微量元素，以干基计，如铁（为0.03%~0.05%）、锌（为

0.003%~0.005%)、硒（为 0.0002%~0.0005%)、锰（为 0.05%~0.1%）等，且这些微量元素多与有机化合物结合，更易被动物吸收利用，有助于维持动物机体代谢平衡和健康状态。

## 二、生物活性功能

### （一）抗氧化功能

茶叶中含量最为丰富的生物活性物质是茶多酚，其含量可达茶叶干重的 20%~35%，其中儿茶素类占茶多酚总量的 60%~80%，而儿茶素中又以表没食子儿茶素没食子酸酯（EGCG）的抗氧化活性最强。研究表明，茶多酚的抗氧化能力是维生素 E 的 10 倍，维生素 C 的 20~25 倍，能够有效清除超氧离子自由基、羟基自由基等多种活性氧自由基，阻断自由基链式反应，减轻或防止活性氧自由基对细胞的损伤。除直接清除自由基外，茶多酚还可通过提高机体抗氧化酶活性、螯合金属离子和抑制脂质过氧化等多种途径发挥抗氧化作用。例如，在饲料中添加茶多酚可以显著提高动物体内 SOD、CAT 和谷胱甘肽过氧化物酶（Glutathione peroxidase，GSH-Px）等抗氧化酶的活性，增强机体自身的抗氧化防御能力。茶叶的抗氧化功能使其在预防和缓解动物氧化应激相关疾病方面展现出巨大潜力。

### （二）免疫功能

在集约化养殖模式下，动物机体长期处于高应激状态，免疫功能容易受到抑制，导致疾病易感性增加，严重影响动物健康和生产效益。因此，寻找安全高效的免疫调节剂，已成为畜牧兽医领域的研究热点。茶叶作为一种富含生物活性物质的天然植物资源，其免疫调节功能近年来受到广泛关注。茶叶中的多种生物活性成分，如茶多酚、茶多糖、茶氨酸等，均具有一定的免疫调节作用。其中，茶多酚是茶叶中含量最丰富的生物活性物质，占其干重的 20%~35%，研究发现，茶多酚可以通过促进淋巴细胞增殖、提高巨噬细胞吞噬能力、增强 NK 细胞活性等途径，增强机体的细胞免疫功能。此外，茶多酚还能通过调节免疫细胞因子［如白细胞介素-2（IL-2）、干扰素-γ（IFN-γ）等］的表达水平，增强机体的体液免疫功能。茶多糖是茶叶中另一类重要的生物活性物质，含量为 2%~5%，研究表明茶多糖具有明显的免疫增强作用，可以促进脾脏和胸腺等免疫器官的发育，提高机体免疫球蛋白（IgG、IgM、IgA）的水平，增强机体的免疫应答能力。此外，茶叶中的生物活性成分之间还存在协同增效作用。例如，茶多酚和茶多糖的联合使用，可以更有效地提高机体的免疫功能，增强机体抵抗病原微生物感染的能力。

**（三）抗菌抗病毒功能**

研究表明，茶多酚能够破坏细菌细胞壁和细胞膜的结构，抑制细菌蛋白质和核酸的合成，从而抑制细菌的生长繁殖。例如，茶多酚对金黄色葡萄球菌、大肠杆菌和沙门氏菌等常见畜禽致病菌均表现出显著的抑制作用，其最小抑菌浓度（Minimal inhibit concentration，MIC）范围为 0.5~4 mg/mL。除茶多酚外，茶叶中还含有一定量的茶皂素，为 0.5%~2%（以干基计），也具有较强的抗菌活性。而茶皂素能够与细菌细胞膜上的胆固醇结合，改变细胞膜的通透性，导致细胞裂解内容物流出，从而发挥杀菌作用。此外，茶叶中的茶多糖和茶氨酸等生物活性成分也表现出一定的抗病毒活性，茶多糖能够通过抑制病毒吸附、侵入和复制等环节，抑制病毒的增殖。例如，茶多糖对猪繁殖与呼吸综合征病毒（PRRSV）和禽流感病毒（AIV）等具有一定的抑制作用。

**（四）除臭功能**

畜禽养殖场产生的恶臭不仅污染环境，更会对动物健康和生产性能造成负面影响。因此，有效控制畜禽养殖场恶臭，是实现绿色可持续发展的重要环节。传统除臭方法如物理吸附、化学喷洒等存在二次污染、效率低等问题，而利用茶叶及其提取物的除臭功能，作为一种绿色环保的解决方案，近年来受到越来越多的关注。茶叶的除臭功能主要源于其丰富的生物活性成分，特别是其中的儿茶素类化合物，具有较强的吸附和降解能力，能够有效去除氨气、硫化氢和挥发性脂肪酸等恶臭气体。在100mg/kg的氨气环境中，茶多酚的吸附率可达60%以上。叶绿素具有良好的遮蔽和光催化作用，能够分解恶臭物质，减少臭味散发。茶皂素则具有表面活性剂的特性，能够降低臭味物质的表面张力，促进其溶解和挥发，从而降低臭味强度。生产实践中也发现，在猪舍中添加2%茶叶粉，可使氨气浓度降低30%以上，硫化氢浓度降低20%以上；在鸡舍中喷洒0.5%茶多酚溶液，可有效降低舍内氨气和硫化氢等恶臭气体浓度，改善饲养环境。此外，茶叶提取物还可作为动物饲料添加剂，通过改善肠道菌群结构，减少肠道内有害气体的产生，从而达到降低粪便臭味的目的。

## 三、饲料化应用效果

茶渣可作为反刍动物、猪、禽等多种畜禽的饲料原料，对动物生长性能、消化代谢、抗氧化能力和免疫功能等方面均有积极影响。在肉牛日粮中添加适量茶渣（占日粮干物质的10%~15%），可提高瘤胃纤维素酶和木聚糖酶的活性，促进瘤胃微生物的生长繁殖，进而提高饲料消化率，改善瘤胃发酵模式，提高肉牛的日增重和饲料转化率。对于泌乳奶牛，用发酵茶渣替代20%精料，可显著提高乳蛋白率，且不影响其他生产性能指标，还能降低饲料成本和每公斤产奶成本；对于育成奶牛，用发酵茶渣替代30%精料，对生长性能和营养物质消化率无显著影响，且可降低饲料成本和每公斤增重成本（李城，2024）。牛歆然（2024）研究发现茶渣具备部分替代苜蓿的营养学潜质；该研究表明茶渣粗蛋白质含量（23.17%）高于苜蓿（16.07%），但体外发酵产气量低于苜蓿；苜蓿组体外发酵干物质降解率低于茶渣组，但可消化有机物、有机物降解率和代谢能水平均高于茶渣组；动物试验表明，茶渣替代苜蓿比例为66.7%时，山羊总能消化率、粗蛋白质消化率、NDF消化率、ADF消化率和有机物消化率均显著提高，瘤胃发酵指标改善，血液代谢和瘤胃健康未受影响；因此，在苜蓿占日粮10%的情况下，茶渣替代比例以66.7%为宜。在蛋鸡日粮中添加0%、0.8%、1.6%或2.4%绿茶渣，发现添加1.6%绿茶渣显著加试验组蛋鸡的深蛋黄色泽，降低蛋黄重量、蛋壳强度和蛋壳厚度；添加2.4%显著提高鸡蛋中各种氨基酸含量；添加0.8%绿茶渣显著提高血清IgA、IgM含量，以及肠道菌群中拟杆菌门和类杆菌科相对丰度，降低厚壁菌门和毛螺菌科相对丰度（罗韦，2023）。

# 参考文献

董志浩，原现军，闻爱友，等，2016. 添加乳酸菌和发酵底物对桑叶青贮发酵品质的影响 [J]. 草业学报，25（6）：167-174.

段艳珍，杨文，杨叶眉，等，2024. 发酵桑叶及其在动物生产中的应用研究进展 [J]. 饲料研究，47（7）：146-150.

郝森林，2019. 桑果渣的发酵特性及其对肥育猪生长性能、肌肉品质的影响 [D]. 南昌：江西农业大学.

黄光云，何仁春，罗鲜青，等，2020. 不同微生物添加组合对桑枝叶青贮效果的影响 [J]. 中国牛业科学，46（4）：16-20.

寇宇斐，朱文斌，李飞，等，2021. 饲粮中添加不同比例全株桑枝叶对育肥湖羊生长性能、养分表观消化率、血清抗氧化指标和瘤胃发酵参数的影响 [J]. 动物营养学报，33（5）：2776-2785.

李城，2024. 发酵茶渣对奶牛生产性能和营养物质消化的影响 [D]. 合肥：安徽农业大学.

李海洲，陈正余，陈玲，等，2023. 富硒桑叶配合饲料对育肥猪生长性能、屠宰性能的影响初报［J］．北方蚕业，44（4）：13-16．

李昊帮，罗阳，肖建中，等，2020．发酵桑叶对湘西黄牛×利木赞杂交 F1 代育肥牛屠宰性能、肉品质及肌肉中氨基酸、脂肪酸含量的影响［J］．动物营养学报，32（1）：244-252．

李金鸿，李翔，陈冰，等，2024．饲料中添加桑枝生物炭对大口黑鲈生长性能及抗氧化指标的影响［J］．淡水渔业，54（6）：71-78．

李孟伟，彭丽娟，郭艳霞，等，2024．桑叶黄酮对水牛泌乳性能、氨基酸代谢和血清生化指标的影响［J］．饲料研究，47（8）：8-13．

李仕培，黎尔纳，周东来，等，2024．桑树资源功能性饲料开发的研究进展［J］．中国饲料（3）：156-164．

凌浩，郭水强，李鑫垚，等，2021．青贮桑叶替代青贮玉米对奶山羊生产性能、乳品质、养分表观消化率、瘤胃发酵参数和血清生化指标的影响［J］．动物营养学报，33（6）：3389-3399．

刘岩，林天宝，侯凤香，等，2024．不同比例桑枝叶粉复合饲料对肉鸡血液生化指标及胆固醇含量的影响［J］．蚕业科学，50（2）：147-154．

罗韦，2023．绿茶渣对赤水乌骨鸡产蛋期的生产性能影响研究［D］．贵阳：贵州大学．

牛歆然，2024．茶渣替代苜蓿饲喂山羊的可行性研究［D］．贵阳：贵州大学．

孙梦琦，2021．桑饲料的营养价值评定及其在鹅和鸭养殖上的应用［D］．镇江：江苏科技大学．

万荣，黄剑，苏桂梅，等，2022．添加不同益生菌对桑枝叶发酵品质的影响［J］．中国饲料，8：25-28．

万荣，李泳栩，阳晓凤，等，2023. 添加乳酸菌与纤维素酶对桑枝叶发酵品质的影响［J］. 饲料研究，12：110-113.

万荣，刘明革，梁奇兵，等，2023. 发酵桑叶对荷斯坦犊牛生长性能及血清生化、抗氧化和免疫指标的影响［J］. 动物营养学报，35（6）：3754-3760.

王晶晶，2023. 陕北风沙草滩区不同品种饲料桑生产性能及营养品质研究［D］. 榆林：榆林学院.

卫鑫岚，师响，钱薇，等，2024. 桑枝提取物对黄羽肉鸡生产性能、器官指数、血清生化和抗氧化能力的影响［J］. 中国畜牧杂志，60（3）：181-186.

吴洪丽，孙波，周洪英，等，2022. 桑枝单位面积产量调查及营养成分检测初报［J］. 中国蚕业，43（2）：11-13.

叶添梅，李霞，李飞鸣，等，2020. 桑叶粉饲料生物发酵工艺试验［J］. 四川蚕业，2：33-36.

郑旺，黄传书，张洪燕，等，2018. 不同加工方式制作桑枝饲料的营养价值及用于肉牛饲养的瘤胃降解特性［J］. 蚕业科学，44（4）：594-600.

周芳芳，2020. 不同粗饲料来源饲粮对荷斯坦奶公犊生长性能、养分消化及瘤胃细菌区系的影响［D］. 南宁：广西大学.

朱佳文，邱时秀，李峪鹏，等，2021. 复合芽孢杆菌对桑叶发酵品质的影响［J］. 中国饲料，3：122-125.

Hassan F-u, Arshad M A, Li M, et al., 2020. Potential of Mulberry Leaf Biomass and Its Flavonoids to Improve Production and Health in Ruminants: Mechanistic Insights and Prospects［J］. Animals, 10 (11): 2076.

Li Y, Meng Q, Zhou B, et al., 2017. Effect of ensiled mulberry leaves and sun-dried mulberry fruit pomace on the fecal bacterial community composition in finishing steers［J］. BMC Microbiol, 17 (1): 97.

Tang S, Cheng Y, Wu T, et al., 2021. Effect of Lactobacillus plantarum-fermented mulberry pomace on antioxidant properties and fecal microbial community [J/OL]. LWT, 147: 111651.

Zhou Z, Zhou B, Ren L, et al., 2014. Effect of ensiled mulberry leaves and sun - dried mulberry fruit pomace on finishing steer growth performance, blood biochemical parameters, and carcass characteristics [J]. PLoS One, 9 (1): e85406.

# 第六章　水果加工副产物资源的开发与利用

　　水果作为人们日常生活中不可或缺的重要食物来源，其富含维生素、矿物质、纤维素及多种生物活性物质，对维持机体健康具有重要意义。全球水果产量逐年递增，2021年已超过9亿t。然而，水果加工业在生产过程中会产生大量的果皮、果核等副产物，其占比约为总重量的20%~30%。这些副产物如果未得到有效利用，不仅造成资源浪费，还会带来环境污染等问题。以芒果、香蕉、菠萝、葡萄和椰子为例，其加工副产物含有丰富的营养物质和功能成分。芒果皮核中富含多糖、多酚和黄酮类化合物，具有抗氧化、抗炎抑菌等功效；香蕉皮中含有丰富的钾、镁等矿物质元素及多巴胺和血清素等生物活性物质，具有降血压、调节情绪和促进睡眠等作用；菠萝渣中含有多糖和蛋白酶等活性成分，具有抗炎和调节机体免疫的作用；葡萄渣中含有众多多酚类物质（单宁、肉桂酸、丁香酸、槲皮素、儿茶素等），这些酚类具有强抗氧化活性，可抗菌、抗炎及抗寄生虫，维护肠道健康，调节免疫的功效；椰子壳和椰肉渣中含有大量的纤维素、半纤维素和木质素，可作为生产活性炭、生物燃料等高附加值产品的原料。近年来，随着科技的进步和人们对资源循环利用理念的重视，水果及加工副产物资源的开发与利用逐渐成为研究热点。通过采用现代生物技术、绿色提取技术及综合加工技术，可以将这些副产物转化为动物饲料、食品添加剂、生物肥料、生物能源等高附加值产品，实现资源的循环利用和可持续发展。本章将系统介绍芒果、香蕉、菠萝、葡萄和椰子等水果及加工副产物的营养价值、功能特性、加工技术及饲料化应用效果，旨在为相关企业、科研机构和政府部门提供参考，促进水果加工副产物的资源化利用，以推动水果产业的绿色、健康和可持续发展。

## 第一节 芒果加工副产物资源的开发与利用

芒果属于漆树科芒果属常绿乔木，享有"热带果王"的美誉，已有超过4 000年的栽培历史（图6-1）。如今，芒果已成为全球重要的热带水果之一，广泛种植于100多个国家和地区，年产量超过5 700万t。芒果适宜生长在温暖湿润的热带和亚热带地区，对温度较为敏感，最适宜的生长温度为25~30℃，低于20℃生长缓慢，低于5℃会遭受冻害。因此，芒果主要分布在20°S~20°N的地区，其中印度、中国、泰国、墨西哥、巴基斯坦、巴西等是主要的芒果生产国。中国芒果种植面积和产量均居世界前列，主要分布在广西、海南、云南、四川和台湾等地区。芒果加工过程中会产生占果实总重60%的芒果皮和芒果核（芒果皮核）副产物，其中芒果皮占副产物总重的12%，芒果核占副产物总重的20%。这些副产

图6-1 芒果

物大多被贱卖或作废弃物填埋，极易腐败酸化导致环境污染，造成资源浪费等问题。研究已经表明，芒果皮核中富含多糖、多酚和黄酮等生物活性物质，具有抗氧化、抑菌等功效。近年来，国外已开展芒果加工副产物作为非常规饲料资源的应用研究，并直接应用于动物养殖实践中。

## 一、营养特性

芒果的营养成分非常丰富，包括纤维、多糖、多酚、黄酮类化合物、多种氨基酸、维生素和矿物质。这些营养成分很大部分存在于芒果皮和芒果核中。包括纤维、多糖、多酚、黄酮类化合物、氨基酸、维生素和矿物质等。首先，芒果的纤维含量十分丰富，且因品种而异。研究表明吕宋芒、大金煌芒和凯特芒等常见品种的果实纤维含量在10%~20%，且果皮的纤维含量显著高于果肉，这为开发利用芒果皮资源提供了理论依据。其次，芒果中的多糖类物质主要存在于果皮渣中，利用超声波辅助提取法可获得约0.81%的多糖提取率，而采用热水浸提法则可将提取率提高至9.29%，这表明不同的提取工艺对多糖得率具有显著影响。此外，芒果的多酚类物质也备受关注，其主要存在于果皮和果核中。芒果皮多酚含量也非常丰富，采用微波辅助法提取的芒果皮多酚得率为6.24%，而直接从芒果皮渣中提取的得率可高达9.68%。芒果核的多酚含量也不容忽视，其提取含量可达4.36 mg/g，采用超声波辅助提取的得率可达8.18%。在不同芒果品种中，玉芒的芒果核多酚含量最高，为4.31 mg/g。除了纤维、多糖和多酚外，芒果还富含氨基酸、维生素和矿物质等营养成分。芒果的总氨基酸含量高于脐橙和木瓜，其中赖氨酸含量可达0.035 g/100 g，而金煌芒7号芒果的赖氨酸含量高达74.82 mg/100 g。广西产区的芒果维生素C含量高达10mg/100 g，是苹果的6倍多，具有很高的营养价值。此外，芒果还含有丰富的铁元素和锰元素，含量分别高达7.5μg/g和2.9μg/g，可作为动物饲料中矿物质的重要补充来源。此外，芒果皮也具有很高的饲用价值，其饲料相对值高达 426.86，其中粗蛋白质含量为 6.64%，NDF 含量为 17.14%，ADF 含量为 13.25%，粗脂肪含量为 1.72%。表明芒果皮可以作为一种潜在的饲料资源用于动物生产，既可提高饲料利用效率，又能降低饲料成本，具有良好的经济效益和社会效益。

## 二、生物学功能

### （一）抗氧化功能

动物体内产生的氧化应激，不仅影响机体健康度，更会严重影响其肉品质。近年来，围绕芒果皮和芒果核中的多糖、多酚和黄酮类化合物的体外抗氧化试验研究，基本证实了其功能有效性。芒果皮核中含有大量的酚类化合物（多酚类、黄酮类等），这些酚类化合物也具有抗氧化活性。赵巧丽等（2019）对提取的芒果皮渣多糖进行体外抗氧化试验，发现 1,1-二苯基-2-三硝基苯肼（1,1-diphenyl-2-picryl-hydrazyl radical，DPPH）自由基和羟自由基清除率为 92.37%、41.59%。芒果多酚具有很强的 DPPH 自由基清除能力，其抗氧化能力与芒果的品种有关，康超等（2021）研究比较 6 个品种芒果核多酚的抗氧化活性，结果表明玉芒芒果核多酚和黄酮抗氧化活性最强。大鼠试验表明，芒果皮提取物能调节高脂血症模型大鼠血脂水平和肝功能，具有抵抗脂质过氧化作用。

### （二）抑菌功能

芒果除了其丰富的营养价值外，还展现出一定的抗抑菌活性，这与其含有的多种生物活性成分密切相关，例如酚类化合物、萜类化合物和生物碱等。芒果核多酚抑菌试验结果表明，对大肠杆菌的抑制作用强于枯草芽孢杆菌。芒果核中的主要成分芒果苷（一种黄酮类化合物）具有抗菌活性，对金黄色葡萄球菌和丙酸杆菌具有较好的抑菌作用，有治疗痔疮的效果。玉芒芒果皮萃取物对金黄色葡萄球菌、铜绿假单胞菌、白色念球菌及酿酒酵母有较好的抑菌效果，四季芒和台农芒果对酿酒酵母的抑菌效果较好。此外，芒果皮提取物对二甲苯致小鼠耳肿胀具有明显的抑制效果，具有抗炎作用。用芒果皮提取物对小鼠进行止咳和祛痰试验，发现能延长小鼠$SO_2$和氨水气雾所引起的咳潜伏期，减少咳嗽频率。芒果皮提取物对引起牛乳房炎的细菌，如金黄色葡萄球菌、大肠杆菌和无乳链球菌，也表现出显著的抑菌活性。

### （三）调节免疫作用

芒果中含有多种生物活性成分，如多糖、维生素C和多酚类物质等，这些成分被证明具有免疫调节作用，可增强机体的免疫功能。研究表明，芒果多糖能够显著促进小鼠脾淋巴细胞的增殖，提高NK细胞的活性，增强机体细胞免疫功能，从而提高机体抵抗病原微生物感染的能力。此外，芒果多糖还能促进机体产生多种抗体，如IgG和IgM，增强体液免疫功能，有效抵御病原入侵。芒果中的维生素C作为一种强抗氧化剂，能够保护免疫细胞免受自由基损伤，维持免疫系统的正常功能。补充维生素C可以提高动物的免疫应答，增强对疾病的抵抗力。芒果中的多酚类物质也表现出一定的免疫调节活性，能够调节免疫细胞的功能，增强机体的免疫应答。

### （四）保护肠道作用

芒果中的多种生物活性成分，特别是其所含的纤维和多酚类物质，赋予其保护肠道健康的作用。芒果果肉富含可溶性和不可溶性纤维，能够促进肠道蠕动，增加粪便体积，有效预防便秘，改善肠道功能。研究表明，日粮中添加芒果果肉粉可显著增加断奶仔猪的粪便排泄量，降低粪便硬度，改善肠道健康状况。此外，芒果中的多酚类物质，如没食子酸、鞣花酸等，能调节肠道菌群的组成和功能，促进有益菌的增殖，抑制有害菌的生长，从而维持肠道微生态平衡。芒果皮提取物还能促进断奶仔猪肠道内乳酸杆菌和双歧杆菌等有益菌的生长，抑制大肠杆菌和沙门氏菌等有害菌的增殖，改善肠道健康状况。芒果的这些益生元效应，有助于增强肠道屏障功能，减少肠道炎症的发生，维护动物的肠道健康，提高动物的生产性能。

## 三、饲料化应用效果

因芒果皮核中的多糖、多酚和黄酮类化合物含量较多，更有近些年在体外抗氧化试验和抑菌试验研究的有效验证。一些研究者便尝试利用芒果皮核副产物进行饲料化开发利用（一类为功能性饲料添加剂：芒果皮核提取物；另一类为非常规饲料原料：芒果皮核粉），应用于动物养殖。作为功能性饲料添加剂应用方面，侧重抗氧化功能的发挥，尤其是对肉鸡肉品质改善作用强于其他经济动物。

Pereira Farias 等（2020）添加不同水平（200mg/kg；400mg/kg；600mg/kg；800mg/kg；1000mg/kg）芒果核提取物于肉鸡饲粮中研究对肉品质的影响，显示 600mg/kg 的芒果核提取物对鸡胸肉抗氧化效果相当于添加 200mg/kg 人工合成抗氧化剂 BHT。随后，Pereira Farias 等（2021）进一步研究添加不同水平（200mg/kg；400mg/kg；600mg/kg；800mg/kg；1 000mg/kg）芒果核提取物于肉鸡饲粮中对肉鸡生产性能和血液生化指标的影响，与对照组相比，添加芒果核提取物试验组肉鸡的日采食量、日增重和饲料转化效率均没有显著影响；其中，800mg/kg 芒果核提取物试验组比对照组下降了 3%（1.86 vs 1.92），表明芒果核提取物不会影响饲料的适口性；血液生化指标显示，添加芒果核提取物试验组肉鸡血中胆固醇含量均显著低于对照组（97.50；105.12；106.80；101.40；95.80 vs 126.00），验证了芒果核中存在能改善肉鸡脂质代谢的生物活性物质——多酚。以上研究表明，添加芒果皮提取物或芒果核提取物至肉鸡饲粮中，均能降低肉鸡胸肉贮藏过程中的脂质氧化及维持肉色稳定，添加量以不超过 800mg/kg 为宜，且芒果核提取物的饲用效果优于芒果皮提取物。利用芒果核为主要原料，能够开发出可改善蛋黄颜色的蛋鸡饲料添加剂。Araújo 等（2021）给 60 日龄、平均体重约 21kg 长大二元仔猪饲喂 85d 含 400mg/kg 芒果核提取物的饲粮，发现对肉品质指标中的蒸煮损失影响明显，与对照组相比，400mg/kg 芒果核提取物试验组的蒸煮损失比对照组显著下降了 11%（34.96 vs 39.10），而肉的蒸煮损失越大，熟肉率就越低；进一步分析屠宰后冷藏 1d 和 7d 的猪肉抗氧化活性指标，显示 400mg/kg 芒果核提取物试验组分别是对照组的 1.68 倍、1.40 倍。表明芒果核提取物对猪肉品质也有改善作用。

作为非常规饲料原料应用方面，重点是实现废弃资源循环利用的经济价值。Rafiu 等（2016）在肉鸡饲粮中直接添加 20% 芒果核副产物，发现对生长性能和胴体品质有负面影响，日增重和饲料转化效率分别比对照组下降了 20%、9%，饲粮配方中须再补充 20 mg/kg 维生素 E 才能改善肉鸡饲喂效果。然而，Abdullahi 等（2017）用芒果核粉替代肉鸡饲粮中的玉米（替代比例分别为 20%、40%、60%、80% 和 100%；配方设计为等蛋白水平条件下），肉鸡采食量没有明显影响；而增重效果是 20% 替代组的最好，20% 以上水平的替代组其肉鸡增重比对照组降幅超过 96%；每千克增重的饲料成本也是 20% 替代组效果最好，比对照组节约 3%。Orayaga 等（2019）用芒果皮副产物替代肉鸡饲粮中的玉米副产物饲喂肉鸡，肉鸡全程各生理阶段的采食量没有明显变化；但日增重和饲料转化效率方面，肉仔鸡阶段以 20% 替代比例为宜，中大鸡阶段的替代效果均不理想，日增重下降达 12% 以上，饲料转化效率下降达 9% 以上；与对照组相比，盈利效果仍以 20% 替代组最好（265.78 元 vs 217.65 元）。综上数据说明，在肉鸡饲粮中添加 20% 芒果皮、核副产物直接替代玉米/玉米加工副产物，对动物生长性能没有任何影响，且能实现降本增效之效果。芒果在反刍动物上的应用研究报道很少，Hadja 等（2013）设计"芒果皮、芒果核、芒果皮+芒果核、芒果皮+芒果核+尿素和稻草"5 种日粮饲喂体重约 20 kg 的绵羊，单独饲喂芒果皮或芒果核的绵羊干物质采食量与饲喂稻草没有区别，只有饲喂"芒果皮+芒果核"和"芒果皮+芒果核+尿素"组的干物质采食量明显高于稻草组，分别升高了44%、60%；而芒果皮、芒果核的干物质消化率分别为74%和70%。Gomes等（2019）发现一例体重约600 kg奶牛因采食过多芒果，而出现了酸中毒症状。以上反刍动物上的少量研究结果也表明，芒果皮核副产物直接作为非常规原料应用需要限制用量，否则对动物生长性能会产生不利影响。温斌华等（2022）研究在肉鸡日粮中添加发酵芒果皮，对38~130日龄鸿光黑鸡的生长性能、屠宰性能、血清生化指标、肉品质和肌肉氨基酸含量进行了研究。结果发现，添加发酵芒果皮对肉鸡生长性能无显著影响，但试验组死亡率较对照组降低16.67%~33.33%，腹脂率提高56.3%~64.26%。此外，试验组免疫球蛋白较对照组提高18.75%~20.83%，小肠绒毛发育更优；肌肉不饱和脂肪酸含量显著提高，其中试验2组油酸含量达到1.36g/100 g，亚油酸是对照组的3倍；因此，发酵芒果皮可作为非常规饲料原料应用于肉鸡饲粮，且能提高肉鸡抗病力、改善胴体品质和肉质风味。王成（2022）的研究也评估了添加不同水平芒果副产物对肉鸡生长性能、消化道发育及血液参数的影响。结果表明，添加1%芒果副产物显著提高了42日龄肉鸡体重和平均日增重，降低了料重比和每千克增重成本（降低7.84%）；此外，1%芒果副产物组肌胃和小肠相对重量显著高于对照组，而血清胆固醇和高密度脂蛋白浓度显著降低。说明在肉鸡日粮中添加1%芒果副产物可有效改善生长性能和饲料效率，促进消化道发育，并改善血脂指标。

## 第二节　香蕉加工副产物资源的开发与利用

香蕉是芭蕉科芭蕉属多年生草本植物，起源于亚洲东南部，现已成为热带和亚热带地区广泛种植的重要水果作物（图6-2）。除了鲜食，香蕉还可被加工成果干、果酱、果汁和果酒等多种产品。

成熟香蕉果实中含有丰富的碳水化合物，主要以淀粉和糖的形式存在，含糖量可达 15%~20%，其中果糖和葡萄糖占比较高，而蔗糖含量较低。香蕉还含有丰富的钾元素，含量可达 350mg/100g 以上，是钾元素的优质来源。此外，香蕉还含有多种维生素，如维生素 C、维生素 $B_6$ 和叶酸等，以及镁、磷、钙等多种矿物质。香蕉果肉中还含有多种生物活性成分，例如多酚类物质、生物碱、植物甾醇等，赋予香蕉多种生物学功能。研究表明，香蕉具有抗氧化、抗炎、抗菌、降血糖、降血脂等多种生物学活性。如香蕉果肉提取物能够有效降低高脂饲料诱导的小鼠血清中 TC、甘油三酯和 LDL-C 的含量，并提高 HDL-C 的含量，表明香蕉具有一定的降血脂作用。此外，香蕉果肉中的多酚类物质能够抑制 α-淀粉酶和 α-葡萄糖苷酶的活性，从而延缓碳水化合物的消化吸收，降低餐后血糖水平。香蕉及其加工副产物在畜牧业中也具有一定的应用价值。香蕉果皮和香蕉茎秆富含纤维素和半纤维素等多糖类物质，可作为潜在的饲料资源用于反刍动物养殖领域。此外，香蕉果肉和香蕉皮提取物还具有一定的抗菌活性，可作为饲料添加剂用于提高动物的免疫力和抗病力。

图 6-2　香蕉

## 一、营养特性

香蕉果实营养丰富，拥有极佳的适口性，易于消化吸收。其果肉中水分含量高，无氮浸出物含量超过80%，并富含多种矿物质元素和维生素。香蕉果实中钾元素含量最为丰富，其次是镁、钙、磷等矿物质元素；铁元素含量较高，而铜元素含量较低。在维生素方面，香蕉以维生素A、维生素C和B族维生素含量较为突出。香蕉各部位的化学成分含量有所差异，但总体而言，香蕉植株是一种营养丰富的植物资源，其含有丰富的水分、粗纤维、粗脂肪和无氮浸出物。香蕉皮中纤维部分主要由木质素（6%~12%）、果胶（10%~21%）、纤维素（7.6%~9.6%）和半纤维素（6.4%~9.4%）组成。香蕉皮还富含淀粉（约3%）和多不饱和脂肪酸，特别是亚麻酸和α-亚麻酸，以及果胶、必需氨基酸（如亮氨酸、缬氨酸、苯丙氨酸和苏氨酸）和多种微量元素。例如，香蕉皮中钙和镁的含量超过了每百克鲜重240mg，磷、钾、铁等矿物质元素的含量也较为丰富。随着果实的成熟，香蕉果肉中可溶性碳水化合物含量增加，这是由于内源酶对淀粉和半纤维素的降解作用导致淀粉和半纤维素含量下降，而蛋白质和油脂含量略有增加。此外，从香蕉皮中提取的果胶还含有葡萄糖、半乳糖、阿拉伯糖、鼠李糖和木糖等多种糖类物质。香蕉皮可以作为制备饲料、果胶、膳食纤维等多种膳食用品和工业用品的原材料。与其他农作物秸秆相比，香蕉叶片和茎秆营养物质含量丰富，尤其是无氮浸出物含量较高，叶片可达50%，茎秆接近60%，能量值较高。香蕉假茎的外层主要成分是纤维素，而茎芯富含多糖和微量元素，且木质素含量很低。香蕉叶片的水分、粗蛋白质等营养物质含量明显高于假茎。此外，香蕉茎叶中还含有较丰富的胡萝卜素、尼克酸、核黄素和硫胺素等多种维生素，且钙、磷比例平衡，是一种营养成分较为全面的饲料资源。

## 二、加工利用技术

香蕉茎叶作为香蕉生产过程中产生的主要副产物，蕴藏着丰富的生物质资源，对其进行合理加工利用，对于提高资源利用率、减少环境污染、发展循环经济具有重要意义。香蕉茎叶中富含纤维素、半纤维素等多糖类物质，可通过物理、化学或生物等方法进行处理，转化为可被动物消化吸收的能量饲料。利用物理方法如粉碎、揉搓等可以破坏香蕉茎叶的粗糙结构，提高其适口性；利用化学方法如碱处理、氨化处理等可以降解部分木质素和半纤维素，提高其消化率。而生物方法如青贮、发酵等则可以利用微生物的作用，将香蕉茎叶转化为富含乳酸等有机酸的优质饲料。除了作为饲料原料外，香蕉茎叶还可以用于提取生物活性物质，如多酚类物质、黄酮类物质等，这些物质具有抗氧化、抗菌和抗炎等生物活性。例如，研究表明，香蕉茎叶提取物能够抑制金黄色葡萄球菌、大肠杆菌等多种细菌的生长，具有一定的抑菌活性。此外，香蕉茎叶还可作为基质材料用于栽培食用菌，如平菇、秀珍菇等。香蕉茎叶中含有丰富的营养物质，能够满足食用菌的生长需求，且其疏松透气的结构有利于菌丝的生长和蔓延。利用香蕉茎叶栽培食用菌，不仅可以提高其附加值，还可以实现资源的循环利用。为了提高香蕉茎叶的加工利用效率，还须结合实际情况，选择合适的加工技术和工艺参数。例如，在进行青贮处理时，需要控制好水分含量、碳氮比等因素，以促进乳酸菌的生长繁殖，抑制有害菌的生长，提高青贮饲料的品质。

## 三、饲料化应用效果

香蕉副产物主要包括香蕉皮和香蕉茎叶，富含碳水化合物、粗蛋白质和纤维等，是极具开发潜力的新型饲料资源。研究表明，香蕉副产物在畜禽饲料化应用中展现出良好的应用效果。香蕉茎叶可作为优质粗饲料来源，用于反刍动物饲养。研究表明，牛对香蕉茎和叶干物质的消化率分别可达 65% 和 75%，表明其具有较高的营养价值。利用青贮技术可以进一步提升香蕉茎叶的饲用价值。研究发现，以青贮香蕉茎叶替代奶牛日粮中 60% 的象草，不仅不影响奶牛产奶量和乳成分，还能有效降低饲喂成本，为奶牛养殖提供了一种经济高效的饲料资源选择。此外，在肉牛饲养中，香蕉茎叶青贮添加 10% 稻草能够显著提高其消化率，达到 78% 以上，更有利于肉牛对营养物质的吸收利用。香蕉果实也展现出一定的饲用价值。研究发现，利用香蕉果实替代部分精料能够显著提高肉牛的日增重，表明香蕉果实可以作为一种能量饲料来源，用于部分替代传统精料，降低饲料成本。除了反刍动物，香蕉副产物在其他畜禽上的应用也取得了一定的进展。例如，香蕉皮粉可作为肉鸡日粮的非常规饲料源，提高肉鸡的生长性能和抗氧化能力。

## 第三节 菠萝加工副产物资源的开发与利用

菠萝属于凤梨科凤梨属多年生草本水果，又称凤梨、番梨和黄梨等，深受消费者喜爱，在世界 80 多个国家及地区广泛种植（图 6-3）。菠萝原产于南美洲的亚马孙流域，最早在巴西、巴拉圭种植，16 世纪菠萝通过葡萄牙传教士传入澳门，随后引入广东、广西、云南、福建和海南等省区。近几年，中国菠萝种植面积稳定在 100 万亩左右，产量超过 200 万 t。我国的菠萝加工厂主要分布在广东省和广西壮族自治区，销售区域遍及长三角、华北、西南、西北等地区。菠萝果实营养丰富，果肉中除含有还原糖、蔗糖、蛋白质、粗纤维和有机酸外，还含有人体必需的维生素 C、胡萝卜素、硫胺素、尼克酸等维生素，以及易为人体吸收的钙、铁、镁等微量元素。菠萝果汁、果皮及茎所含有的蛋白酶，能帮助蛋白质的消化，增进食欲；医疗上有治疗多种炎症、消化不良、利尿、通经、驱寄生虫等效果，对神经和肠胃有一定的医疗作用。菠萝味甘、微酸、性平，入胃、肾经；具有止渴解烦、健脾解渴、消肿、祛湿、醒酒益气的功效；可用于消化不良、肠炎腹泻、伤暑、身热烦渴等症，也可用于高血压眩晕、手足软弱无力的辅助治疗。绝大多数菠萝皮等加工废弃物被丢弃造成了大量的环境污染与资源浪费，将其变废为宝，进行畜牧业饲料资源的研发利用具有重要意义。

图6-3 菠萝

在菠萝产品的生产与加工过程中会产生大量的菠萝茎、叶、皮等副产物，共同组成了菠萝渣，据计算，菠萝渣约占全果重量的50%。大量的菠萝渣由加工厂直接丢弃，不仅浪费资源，而且造成了严重的环境污染。研究表明，菠萝渣有较高的营养价值和经济价值，是良好的饲料资源，进行合理加工后可以替代干草或优质饲料，提高资源利用效率。

## 一、营养特性

菠萝渣营养丰富，含有大量营养的果胶木质素、纤维素、半纤维素以及钾、钠、钙、磷、铁、铜、锰、锌等大量矿物质元素。菠萝渣营养成分由于受到菠萝品种、地域环境及加工技术等因素的影响，存在差异，以干基计，菠萝渣无氮浸出物含量为 43.72%～47.02%，粗纤维含量为 26.69%～28.71%，粗蛋白质含量为 7.48%～7.72%，粗灰分含量为 5.32%～5.54%，粗脂肪质量分数为 2.37%～2.43%，且其适口性良好，可应用于畜牧生产。菠萝渣含有化学组成复杂且具有一定生物学功能的活性物质，具有一定的药用价值。菠萝渣膳食纤维主要由阿拉伯糖、半乳糖、甘露糖、果糖、木糖与葡萄糖 6 种单糖组成，具有良好的持油力、持水力和溶胀性，有一定的胆固醇吸收能力，可用于功能性食品辅料。

## 二、加工利用技术

菠萝渣的利用方式主要有干菠萝渣、发酵菠萝渣、青贮菠萝渣 3 种方式。

### 1. 干菠萝渣

通过干燥技术使鲜菠萝渣脱水处理，使菠萝渣的水分含量降低至 10% 左右，有利于增强菠萝渣的适口性和储存时间，从而可以应用于动物生产。研究表明，用干菠萝渣替代狗牙干草，不影响山羊的生产性能以及饲料的表观消化率。将干菠萝渣作为饲料补充剂饲喂产蛋鸡，在一定范围内不影响鸡的饲料表观消化率和生产性能，当添加量超过 15% 时，会降低产蛋率及饲料消化率。

### 2. 发酵菠萝渣

通过微生物发酵技术可将菠萝渣转变为菌体蛋白饲料。鲜菠萝皮中含糖丰富，还有较高的粗纤维，可以为微生物发酵提供足够的碳源，鲜菠萝渣偏酸性，便于抑制杂菌的生长，利于发酵。黄和等（2010）通过试验发现绿色木霉和产朊假丝酵母的比例为 2∶3 时，总接种量为 5% 的条件进行发酵，菠萝渣干粉的粗蛋白质含量将会从 4.98% 上升至 24.71%。菠萝渣发酵饲料不仅保留了菠萝渣中的活性成分，而且提高了饲料的适口性，增加了畜禽采食量，同时，饲料中两种主要限制性氨基酸——蛋氨酸和赖氨酸含量也得到了提高。

### 3. 青贮菠萝渣

鲜菠萝渣的表面附着大量的霉菌和细菌，其中多为有益菌，有利于菠萝渣的青贮。鲜菠萝渣的发酵时间为 40~50d，优质的鲜菠萝渣发酵后保持原有的结构和鲜绿的颜色，气味芳香、酸味浓、质地柔软，青贮后粗纤维的含量以及钙和磷的含量明显增加。

## 三、饲料化应用效果

研究表明，菠萝渣的综合营养价值高于油菜秸秆、甘蔗渣、甘蔗梢和木薯渣。利用菠萝渣饲喂反刍动物，能够一定程度提高动物的生产性能，提高经济效益，提升机体的抗氧化能力和免疫能力，改善胃肠道健康。荷斯坦奶牛日粮中添加一定比例的发酵菠萝渣，可维持血液生化指标的稳定，并能够大幅度提高奶牛的日采食量、干物质摄入量与泌乳量，乳脂率出现小幅度提升。赖景涛等（2011）每天增饲每头奶牛 10kg 菠萝皮渣，发现增饲组日均产奶量提升了 0.61kg，增收 1496 元的利润。陈林生等（2014）每日用 2kg 青贮菠萝渣替代等量青贮玉米秸秆，发现发酵菠萝渣组平均每头每日可增产 0.6kg 奶产量，经济效益可增收 2.6 元。杨镇玮（2020）利用发酵菠萝渣部分取代育肥后期肉牛饲料中的青贮巨菌草，结果表明，日粮中添加发酵菠萝渣可增强育肥牛抵抗热应激能力，提高增重效率，不会对血清参数产生不利影响，不会对机体肝脏、肾脏等器官造成损伤，并对肌肉蛋白的氨基酸组成评分具有积极作用，并且随着添加量的增加，育肥牛瘤胃菌系相对丰度向促进肠道健康的方向进化，证明发酵菠萝渣具有良好的饲用价值。赵伟然（2020）利用发酵菠萝渣部分替代川中黑山羊饲料中的青贮玉米，结果表明添加发酵菠萝渣能提高山羊日采食量，提升体增重；提升 GSH-Px、T-SOD 含量，提高免疫球蛋白含量，降低 MDA，提升川中黑山羊的抗氧化能力和免疫能力；提升川中黑山羊瘤胃的优势菌门的丰度，促进非纤维物质的消化吸收，提高瘤胃消化能力。此外，菠萝渣在单胃动物的饲喂方面也有不错的应用效果。菠萝渣在猪育肥过程中可替代一定比例的精饲料,不仅能提高采食量,并且在相同增重下能显著降低精料的投放量。在贵妃鸡饲料中添加 2.5%的菠萝渣,对贵妃鸡的生长性能无负面影响。韩建成等(2015)通过饲喂育肥猪菠萝渣饲料,发现试验组的日增重、肉品质和经济效益均得到提升。发酵菠萝渣替代肉鸡日粮试验中,发现发酵菠萝渣替代比例与肉鸡的腹脂率呈正相关,替代比例为 20%时收益最高。

## 第四节　葡萄加工副产物资源的开发与利用

葡萄是葡萄科葡萄属多年生木质藤本植物,在大多数国家和地区都有着广泛的种植,葡萄果实多汁、美味,并具有助消化、抗衰老、软化血管等作用(图6-4)。葡萄制品种类丰富,可用于鲜食、酿酒、葡萄干等多种食品加工,广受消费者欢迎。目前,中国是世界第二大葡萄种植国、第一大鲜食葡萄生产国和消费国、第10 大葡萄酒生产国、第 5 大葡萄酒消费国,中国葡萄园面积近 10 年来基本稳定,常年保持在 1 050 万亩以上,葡萄产量则整体呈波动上升趋势。2022 年,中国葡萄园面积为 1 057.67 万亩,单位面积产量为 1 453.95 kg/亩,产量为 1 537.79 万 t。从国内重点运行区域来看,32 个省(自治区、直辖市)中,除"海南省"外,其余 31 个省(自治区、直辖市)均涉及葡萄的规模化生产。葡萄与葡萄酒产业已成为乡村振兴的重要产业,对农业供给侧结构性调整、农业生产实现降本增效、农民实现增收致富等工作具有重要作用。葡萄果渣是葡萄酒制造中的主要副产物,主要由剩余的皮、籽和茎组成,约占酿造过程中所用葡萄总重量的 25%。然而我国对于葡萄渣的利用效率一直很低,仅有3%的葡萄渣作为原料用于加工饲料,其他应用形式包括作为植物堆肥和建筑物外墙的隔热板的制作。由于葡萄属于季节性产物,在每年葡萄成熟的季节,无论是葡萄酒厂还是果汁厂都会进行集中加工,短时间内会产生大量的葡萄渣，加剧了处理的难度。当作垃圾焚烧或者直接废弃在土地上不仅对环境有害，其特殊的气味还会吸引蚊虫，造成一定程度的生物安全隐患以及遗弃区地下水的污染。因此，有效结合现代农业可持续发展要求，提高葡萄渣利用效率是非常重要的课题。

图6-4 葡萄

## 一、葡萄渣的营养特性

葡萄渣中的主要营养成分包括蛋白质、脂质和碳水化合物、维生素、各种矿物质以及包括花青素、白藜芦醇、类黄酮等多种生物活性物质。葡萄酒生产过程中产生的葡萄渣由于原料产地、品种、种植条件和酿造工艺等不同，获得葡萄渣营养成分含量会有较大差异。例如在红葡萄酒的生产中，由于需要葡萄皮中的天然色素提供颜色，因此葡萄完全参与发酵；而在白葡萄酒的酿造过程中，大多采用葡萄榨汁后的汁液进行发酵，因此白葡萄酒酿造产生的葡萄渣会含有更多的果肉以及糖类。根据国内外文献报道，葡萄渣的常规营养物质中蛋白和纤维含量较高，其中含有多种氨基酸，并含有大量矿物质及维生素，具备可替代部分精料和粗饲料的潜力（表6-1）。葡萄渣的饲料化应用主要在中小型养殖户中，近年随着国家环保力度的增加，小养殖户逐渐退出养殖市场，葡萄渣的饲料化应用逐渐减少，但诸多研究表明，饲料添加葡萄渣具有不错的经济效益，因此，进一步扩大和推广葡萄渣的饲料化应用，对于缓解饲料原料紧张、减少环境污染、提高生态效益具有重要意义。

表6-1　葡萄渣的营养成分及含量　　（%干物质）

| 项目 | 含量 |
| --- | --- |
| 粗蛋白质 | 8~15 |
| 粗脂肪 | 6~20 |
| NDF | 38~70 |
| ADF | 35~55 |
| 粗灰分 | 3~6 |
| 钙 | 0.55~1.2 |
| 磷 | 0.05~0.5 |

## 二、葡萄渣的主要活性成分

### （一）原花青素

原花青素，英文名 Oligomericproantho cyanidins（OPC），为低聚黄烷化合物的总称，该类物质通常能在热酸作用下产生花青素，葡萄籽的原花青素含量丰富，占葡萄总原花青素含量的60%~70%。葡萄籽原花青素具有强抗氧化能力，其抗氧化能力是维生素C的20倍、维生素E的50倍。研究表明，葡萄籽原花青素提取物在人体内生物利用率高达85%，人体在服用葡萄籽原花青素提取物20min后，血液内持续72h可以检测到原花青素的存在。原花青素作为可以预防多种疾病的天然抗氧化剂，其无毒性和高效性得到了国际上的广泛认可。药理学实验表明,葡萄籽原花青素可以降低高脂模型小鼠血清 TC 和 LDL-C 的含量,对小鼠的肝脂肪变有一定的缓解和治疗功能(王勇,2011)。此外,原花青素能降低人体内的胆固醇含量、甘油三酯和低密度脂蛋白含量,升高高密度脂蛋白含量,从而减轻高血脂的患病风险。

## (二)白藜芦醇

白藜芦醇是一种多酚类化合物,又名芪三酚。化学名称为 3,4,5′-三羟基二苯乙烯,分子式为 $C_{14}H_{12}O_3$,相对分子质量为 228.25。白色晶体粉末,无臭无味,难溶于水,易溶于乙醇、氯仿、丙酮、乙酸乙酯等有机溶剂。最初是作为葡萄属植物的抗逆物质——植物抗毒素而被发现的。白藜芦醇有抗氧化、抗炎、抗癌及心血管保护等作用。研究表明,适量饮用红葡萄酒能够降低出现心血管疾病的危险,这种生物学作用正是归功于白藜芦醇。此外,白藜芦醇还可抑制血小板聚集和低密度脂蛋白氧化,调节脂蛋白代谢,从而降低人体血脂,防止血栓形成,具有良好的防治心血管疾病的功效。

## (三)葡萄籽油

葡萄籽油富含油酸、亚油酸、亚麻酸等多不饱和脂肪酸,其中必需脂肪酸超过总量的 89%。葡萄籽油还富含抗氧化剂,如天然维生素 E 和植物甾醇。由于葡萄籽油的脂肪酸组成、总酚以及抗氧化能力较好,其在化妆品行业中已得到广泛应用。除此之外,也有多项研究报道了葡萄籽油的营养保健作用。葡萄籽油能降低血液中 LDL(低密度脂蛋白)胆固醇,同时能提高 HDL(高密度脂蛋白)胆固醇的水平,有利于防治冠心病。葡萄籽油中抗氧化剂维生素 E 的含量达 0.60~1.20mg/mL,具有保护肝脏的作用。

## 三、加工利用方式

葡萄渣具有很大的经济价值和开发潜力,包括药品、保健品、食品、日化产品、饲料、土壤改良剂、生物能源等。目前法国、意大利、西班牙等葡萄酒生产大国对葡萄渣的利用率在70%以上，且重视葡萄渣深层面的开发利用。饲料化应用方面，葡萄渣的加工利用方式主要包括以干燥、粉碎、制粒等为主要技术手段的粗加工处理和以乳酸菌和酵母菌处理为主的微生物发酵手段，其中粗加工主要对应中小型养殖场的低成本速效利用，微生物发酵主要对于与规模化饲料企业的增值深加工。

（一）粗加工

葡萄渣的粗加工通常包括烘干、粉碎和制粒等，制粒后可以直接添加在动物日粮中，便于动物吞咽和消化、储存和运输。葡萄渣中富含膳食纤维和多酚类物质，可以改善动物的消化功能，增强动物的抗氧化能力。但葡萄渣纤维素含量高，而蛋白质含量低，生产实践中通常需要与富含蛋白质的饲料原料配合使用。

（二）微生物发酵

微生物发酵可以破坏葡萄渣的细胞壁，从而增加葡萄渣的可消化性。此外，发酵过程还可以生成有机酸、维生素等有益代谢产物，并且微生物可以分解葡萄渣中的有机物，产生蛋白质和维生素，降低葡萄渣中的抗营养因子，从而提高葡萄渣的营养价值。使用10%葡萄渣+乳酸菌发酵甜高粱可以改善青贮饲料的发酵品质，提高青贮饲料的有氧稳定性。

## 四、饲料化应用效果

当前，葡萄副产品因具备产量大、富含营养物质的特点，多项研究已将其作为原料应用于饲料生产中。饲料中添加适量的葡萄籽，或用葡萄籽部分代替饲料中的玉米，不仅不会对家畜、家禽的生产性能产生不良影响，而且能有效降低粮食消耗，改善动物肠道健康，提升动物生产性能，提高动物产品的抗氧化能力，提升养殖产业的经济效益。

## (一) 在牛饲料中的应用

在牛日粮中添加适量葡萄渣，能够促进牛的消化吸收，提高饲料利用率，葡萄渣中的多酚化合物等生物活性成分能够提高机体的免疫力，起到预防疾病的效果。奶牛饲料添加适量葡萄渣还能改善牛乳成分，提高乳品质。张世卫等（2020）研究表明，使用3%尿素处理水稻秸秆后，再添加2%葡萄渣可以改善牛瘤胃发酵气体动力学以及消化率，降低瘤胃乙酸与丙酸的比例、原生动物数量和甲烷产量，说明葡萄渣具有提高反刍动物生产效率的潜力。Chedea等（2017）研究表明，在奶牛日粮中添加15%葡萄渣能够显著提高奶牛血液中的总多酚含量，并提高牛乳中乳糖和β-乳球蛋白含量，说明日粮添加15%葡萄渣能够改善牛的血液代谢，有助于维持奶牛的健康。Ianni等（2019）研究发现，给奶牛饲喂富含葡萄渣的饲料可以改善牛乳成分，影响奶酪制品的化学成分和营养特性，提高奶酪中的多酚含量，这样的奶酪可能对消费者更有吸引力。研究表明，在奶牛日粮中额外添加2%的葡萄渣可以改善奶牛的瘤胃发酵水平，提高纤维素的消化率，提升血液中的尿素氮浓度，提高瘤胃微生物蛋白的合成，证明葡萄渣是良好的饲料补充剂。杨德莲等（2018）研究表明，日粮中添加0.2 g/kg的葡萄籽原花青素，能够改变奶牛瘤胃发酵模式，改善瘤胃微生物区系，显著降低甲烷产量。吴建敏等（2007）研究表明，以10%的葡萄渣部分代替日粮中的玉米、麸皮和豆粕，能够提高奶牛的乳脂率。

## (二) 在羊饲料中的应用

对羊的饲养试验表明，日粮添加一定量的葡萄籽，能够改善羊的胃肠道形态，促进营养物质的消化和吸收，提高营养物质的利用率，进而提高生产性能，并且能够提高机体抗氧化性，减缓氧化应激的发生。在湖羊基础日粮中添加0.36%的葡萄渣提取物，能够改善机体消化代谢功能，提高NDF的表观消化率和氮存留率，并改善羊肉品质。赵俊星等（2017）研究发现，日粮中添加10%葡萄渣显著降低羔羊背最长肌中活性氧自由基 ROS 水平和 MDA 浓度，显著提高 T-AOC 与 GPx4 活性，表明日粮添加适宜水平的葡萄渣能够提高肉羊骨骼肌抗氧化性，减缓氧化应激，并提高羊肉品质。丁娜（2019）的研究表明，日粮中添加葡萄渣对营养物质利用率、瘤胃微生物蛋白合成、能量利用率等均有促进作用，从而提高绵羊生长性能。作用机理为：葡萄渣中的成分通过提高绵羊尿嘌呤衍生物排出量和微生物蛋白产量，以及营养物质消化率和底物氧化，从而提高绵羊代谢蛋白供应量和能量沉积量，最终达到提高绵羊平均日增重的效果。程新东等（2022）研究发现，日粮添加 4% 的葡萄渣不影响滩羊的生长性能，能改善滩羊胃肠道形态，使滩羊空肠的绒毛高度、结肠黏膜层厚度分别提高 2.0% 和 33.3%，并改善消化酶活性。但日粮中的葡萄渣添加量不可过高，当添加量超过 12.5% 时，可能会影响微生物蛋白的合成，对羊的肝肾功能造成损伤，对羊的生长性能产生负面影响。高新梅（2018）的研究表明，育肥羊饲料中葡萄渣水平超过全混合日粮的 12.5% 时将导致干物质有效降解率、微生物蛋白、可发酵有机物含量显著降低，微生物蛋白合成受到影响。马忠杰（2022）研究了日粮添加 4%~16% 葡萄籽对多浪羊生长性能、屠宰性能及肉品质的影响，结果表明，日粮添加 4% 的葡萄籽，可促进多浪羊骨骼发育，提升骨重，提高后续的育肥潜力。但随着饲料中葡萄籽含量的增多，羊瘤胃占复胃的比重会下降，这不利于羊的消化，因此应当控制葡萄籽的添加剂量。日粮添加 8%~12% 葡萄籽，能够改善羊肉的感官特征，羊肉的总体亮度、黄度较低，红度较高，肉色红润，这可能与葡萄籽中含有的原花青素有关。添加量为 12%~16% 时肉羊体内肌酐、谷草转氨酶浓度提高，表明高剂量的葡萄籽会对羊的肝肾功能造成损伤。李冲等（2023）研究发现，用 16% 葡萄渣替代基础饲粮会抑制育肥羊瘤胃蛋白质降解，降低氨氮浓度，并降低了瘤胃乳酸分解菌丰度。

### (三)在家禽饲料中的应用

对家禽的饲养试验表明,日粮添加葡萄渣可以影响鸡的体内代谢过程,如蛋白代谢、脂质代谢等,降低血浆 MDA 的浓度,提高 CAT 和 GSH-Px 的活性,提升机体的抗氧化能力。对肉鸡来说,适量添加葡萄渣能够提高肉鸡日增重,并降低料重比,提高生产性能,并改善肉品质。对蛋鸡来说,适量添加葡萄渣能够提高蛋壳强度,改善蛋品质。郝晨曲(2021)的研究表明,日粮中添加葡萄渣可提高肉鸡日增重,并降低料重比,提高生产性能,对肉鸡的粗蛋白质代谢率也具有积极的作用;日粮中添加葡萄渣可以改善肉鸡机体抗氧化能力,降低肉鸡机体血清血糖浓度,降低肉鸡血浆 MDA 的浓度,提高 CAT 和 GSH-Px 的活性,提高抗氧化能力。而当添加量达 8% 时,AST 的含量显著升高,由此推断,过量葡萄渣的添加可能会对肉鸡肝功能造成一定的损伤,因此在应用时应考虑其添加量过高造成的不利影响。此外,日粮中添加葡萄渣对肉鸡肉品质亦有一定的提高作用,可以提高肉鸡胸肌中初水分与粗蛋白质的含量,提高鸡肉营养水平,还可以显著提高胸肌中总氨基酸、鲜味氨基酸、肌苷酸及 PUFAs 的含量,并降低 SFAs 及 MUFAs 的含量,对肉鸡鸡肉风味及肉质的改善具有重要的意义。王馨等(2019)研究表明,在肉鸡基础日粮中添加 8 g/kg 的葡萄渣可提高鸡肉的红度值,降低血清胆固醇,改善肉鸡的肉质参数。周业飞等(2021)的研究表明,日粮添加 2% 葡萄渣能够提高鸡蛋的蛋品质,提高蛋壳强度和蛋黄系数,降低鸡蛋破损率;改善鸡体内的脂质代谢和蛋白代谢,降低血清总蛋白、球蛋白、尿酸和 TC 含量;提升抗氧化能力,提高蛋鸡血清 GSH-Px 和 T-AOC 活性,提高血清 SOD 和 CAT 活性,降低血清 MDA 水平。

### (四)在猪饲料中的应用

在仔猪、育肥猪和母猪上的研究表明,日粮添加葡萄渣,能够提高猪只的生产性能和抗氧化性能,改善其肠道微生物的组成,并提高其抗病能力，对猪只健康有积极影响。研究发现，用7%葡萄渣替代适量玉米饲喂母猪可以改善其繁殖性能，提高仔猪断奶个体重，葡萄渣补充剂能够降低结肠中异丁酸和异戊酸（支链短链脂肪酸）的浓度，并通过调节肠道黏膜免疫和炎症反应来增强猪只对寄生虫的抵抗力。Kafantaris 等（2018）利用葡萄渣饲喂断奶仔猪后，发现葡萄渣显著提高了仔猪抗氧化性能，减少氧化应激诱导的脂质和蛋白质损伤，提高猪肉中 n-3 脂肪酸含量，改善肉质，增加日采食量，并在增强肠道内乳酸菌丰度的同时抑制了病原体的生长。Wang 等（2020）研究表明，仔猪日粮添加 5%葡萄渣，能够促进肠道中有益菌的生长繁殖，并抑制病原体的定植，提高空肠的绒毛高度和绒隐比。在 mRNA 表达水平上，葡萄渣可下调仔猪盲肠组织中 IL-1β、IL-6、IL-8 和 TNF-α 等多种促炎细胞因子的水平，同时血清中的 IgG 水平也显著升高。表明日粮添加葡萄渣可改善仔猪肠道微生物菌群以及炎症因子的表达，有利于提高仔猪的抗病潜力。肖子通（2022）研究发现，日粮添加葡萄渣能够增强育肥猪背最长肌肉的持水能力和抗氧化能力，提高猪肉中风味氨基酸和不饱和脂肪酸的含量，并通过糖脂代谢途径影响猪肉脂质沉积，改善猪肉品质，并且节约饲料成本。

## 第五节　椰子加工副产物资源的开发与利用

椰子为棕榈科单子叶多年生常绿乔木，属于典型热带木本油料作物，原产于印度尼西亚至太平洋群岛和亚洲东南部，主要分布在赤道两侧20°之内的亚洲、非洲和拉丁美洲等热带滨海地区（图6-5）。我国椰子的历史比较悠久，早在两千多年前，海南地区就从越南引入了椰子开始广泛地种植。1999年1月全面启动"百万亩"椰林工程，我国椰子种植行业开始快速发展。近20多年来，我国椰子新品种的选育取得了很大的进展，已通过认定文椰2号、文椰3号、文椰4号、文椰5号、文椰6号、文椰78F1等新优品种。

目前，我国椰子种植主要分布在海南、广东、广西、福建等地区。数据显示，2021 年我国椰子种植面积约为 54.55 万亩，收获面积 43.09 万亩。椰子具有很重要的食用和加工价值，椰水、椰肉、椰油等可以食用，椰皮、椰壳、椰棕等可以用于纺织品、活性炭原料等。近年来，随着食品和加工业对椰子需求的快速增加，国内椰子供应不足，进口量不断上升。数据显示，2021 年我国椰子产量约 36.42 万 t，进口量达 87.18 万 t，国内椰子表观消费量增至 123.6 万 t。在椰子生产过程中，能够产生大量椰子粕和椰子油，但目前对这两种副产物的利用率较低，研究表明椰子油和椰子粕可以作为饲料原料或添加剂用于畜牧生产，本节主要介绍椰子生产副产物在饲料方面的开发利用情况。

图 6-5 椰子

## 一、椰子粕

椰子是一种生长在热带和亚热带地区的植物，它不仅是热带地区主要的木本油料作物，也是食品能源作物。因其独特的营养价值和香气成分，深受许多地区国家人民的喜爱。椰子有"生命之树"之称，因为它的外壳、椰肉、椰子水、椰树以及椰叶等在人类的生产生活中扮演着重要的角色。椰子粕是椰子内果肉取出，进行干燥成椰干，再经过压榨法或者浸取法提取油后得到的残渣，产量约占椰干产量的1/3。椰子粕粗蛋白质含量丰富，蛋白质中氨基酸种类齐全，富含纤维素和粗脂肪，适口性较好。目前，海南省及周边地区的养殖业长期以玉米-豆粕饲粮为主，杂粕和椰子粕的用量很低。作为一种非常规饲料原料，椰子粕价格低廉，可部分代替豆粕等蛋白原料，但对这种地源性饲料资源的开发利用不足。

### （一）椰子粕的营养特性

因椰子的品种、种植地区、成熟度等不同，椰子粕的营养成分含量会有所差异。研究表明，椰子粕的粗蛋白质含量在19.6%~24.9%，稍高于棕榈粕，其中的氨基酸种类齐全，其中必需氨基酸约占30%，精氨酸约占10%，赖氨酸约占2%，蛋氨酸占比约1.3%。由于但赖氨酸和蛋氨酸含量较低，限制了椰子粕作为畜禽蛋白类饲料原料的应用。在椰子粕残留的油脂中，中链饱和脂肪酸占比最高，在50%~70%，主要为月桂酸和肉豆蔻酸。椰子粕粗纤维含量高，在10%~16%，NDF在43.9%~61.7%，ADF在22.3%~36.5%，低于棕榈粕，高于豆粕。椰子粕中钙含量低，钠、铜、铁、锌和锰含量较高。椰子粕中所含的膳食纤维通常被认为是由甘露聚糖、半乳甘露糖和纤维素等无法消化利用纤维成分，在椰子粕饲粮中添加适当甘露聚糖酶可以促进椰子粕的养分吸收。在使用椰子粕配制饲粮时，充分考虑其营养成分特点，搭配其他饲料原料，达到精准配制饲粮，以满足畜禽饲粮多元化、提高饲养效益的需求。

### （二）饲料化应用效果

1. 在家禽饲料中的应用

目前，椰子粕在家禽养殖中的应用主要集中在肉鸡和鸭的养殖方面，总体而言，在家禽饲粮中添加少量椰子粕，可以起到改善生长性能及降低饲养成本的效果，但当饲粮中椰子粕含量过高时，不利于肉鸡的生长发育。另外，由于椰子粕中纤维素等不利于消化吸收的物质含量较高，因此生产中常需要添加相应酶制剂以促进营养物质的吸收利用。鸡的回肠和盲肠微生物可以利用水解脱脂的椰子粕，饲料中添加椰子粕，能降低肉鸡生产成本和腹部脂肪含量。肉鸡日粮添加10%椰子粕，不影响肉鸡的生产性能，但添加20%的椰子粕则会影响饲料总能的消化率。齐琪等（2023）研究在文昌鸡饲粮中添加不同水平（1.5%、4.5%、7.5%）椰子粕的应用效果，结果表明日粮添加1.5%的椰子粕，能够降低文昌鸡料重比，提高屠宰率。日粮添加7.5%的椰子粕，能够提高胸肌蛋白含量，提高空肠绒隐比例，降低隐窝深度，改善文昌鸡肠道形态和微生物组成，促进肠道健康。韩明霞（2024）研究发现，豆粕日粮中添加椰子粕对文昌鸡生长性能、屠宰性能和肉品质没有显著影响，在杂粕饲粮添加椰子粕，可以提高出栏体重，促进文昌鸡肉品质的改善。张旭等（2016）研究发现，在日粮中同时添加椰子粕和蛋白酶、纤维素酶、和木聚糖酶的复合酶制剂后，临武鸭对椰子粕养分和能量利用率显著提高，包括粗蛋白质利用率、真代谢能和氨基酸真利用率。王爽等（2022）研究发现，椰子粕在蛋鸭上的蛋白质表观利用率为30%左右，氨基酸真利用率在45.58%~87.95%，当椰子粕添加量在12%时，可以提高蛋鸭产蛋率、日产蛋重以及蛋鸭优势卵泡数量，降低料重比，节约饲料成本，但添加酶制剂并不会影响蛋鸭对椰子粕的养分利用率。

2. 在猪饲料中的应用

以椰子粕部分替代猪日粮中的玉米和豆粕，能够有效降低饲料成本，研究表明，少量添加椰子粕并不影响猪的生长性能，但由于椰子粕的消化率较低，因此在饲喂过程中需要添加酶制剂以增强营养的消化和利用。Son等（2012）的研究发现，育肥猪对于椰子粕的能量利用率显著高于木薯粉，测定椰子粕表观消化能和AME分别为 3 440 kcal/kg、3 340kcal/kg。Jang 等（2020）研究发现，在生长育肥猪日粮中添加 800 IU 的 β-甘露聚糖酶，当椰子粕添加量达到 18%时，生长速度减慢，蛋白质和纤维素表观消化率下降，他们推荐的生长育肥猪日粮中椰子粕适宜添加量是 12%。在仔猪育肥期间用棕榈核仁粕和椰子粕替代豆粕，当替代量<20%时，能有效降低饲料成本，并且不会影响猪的生长性能。

3. 在反刍动物饲料中的应用

早在 20 世纪 70 年代，椰子粕就被开始应用于反刍动物的喂养中，但是，由于纤维素含量较高，且含有丹宁等抗营养因子，因此椰子粕的饲料化应用受到一定的限制。为了提高其饲料利用价值，研究者通常采用粉碎、膨化、制粒等物理处理，以及酶处理和发酵等方式，以提高椰子粕的营养价值。Jordan 等（2006）研究表明，育肥期肉牛日粮中添加 25%的椰子粕，会降低饲料中干物质和粗蛋白质的消化率，降低牛的肠道每日甲烷排放量，延长肉牛育肥期，可能会影响肉牛的终身甲烷排放量。赖景涛（2012）研究发现，在泌乳奶牛日粮中以 15%的椰子粕替代玉米，在节约饲料成本的同时，不影响奶牛的平均日产奶量。

## 二、椰子油

椰子油是一种从椰子肉中提取的具有椰子香味且富含不饱和脂肪酸的功能性植物油脂，在我国主要产于海南和台湾省，尤以海南居多。椰子油按加工工艺的不同分为传统椰子油和原生态椰子油。传统椰子油的加工方法有以椰干为原料的干法和以新鲜椰肉为原料的湿法两种，无论哪种方法制备的椰子油均需要精炼提纯后方可作为食用油。原生态椰子油是以新鲜或成熟的椰肉为原料通过压榨法、酶解法和离心法精制而成的带有天然椰香味的油脂。与传统椰子油相比，原生态椰子油在加工过程中保留了更多的月桂酸、辛酸等中短链有机酸和多酚化合物，具有更高的营养价值。椰子油中富含 SFA，大多以中链脂肪酸（MCFA）的形式存在（约占总 FAs

60%），主要有月桂酸、癸酸和辛酸，其中月桂酸的含量在椰子油中高达50%~53%，又称月桂酸油。椰子油 SFA 的含量约占总 FAs 的90%，MUFA 如 OA 和 LA 仅占7%，因此，椰子油是非常稳定，适合常温储存，不易氧化酸败，也不易被高温所破坏。

（一）生物学功能

1. 快速供能

椰子油中的脂肪酸大多是中短链饱和脂肪酸，可不经脂肪酶分解而直接进入肝脏和线粒体内进行氧化分解，而且中链脂肪酸在通过线粒体时不需要载体血浆白蛋白的协助，节省了体脂的消耗。因此，相对长链脂肪酸，椰子油可迅速氧化供能，减少脂质在体内的蓄积，同时又可维持一定的体脂以满足幼畜快速生长的需要，是幼畜良好的能量来源。

2. 抗病毒

椰子油中的某些脂肪酸，尤其是中短链脂肪酸、月桂酸及其衍生物（甘油单酯）具有抗病毒、抗真菌和抗细菌的特性。椰子油可以通过中链脂肪酸干扰病毒的装配和成熟，也可以借助月桂酸单甘油酯溶解病毒包膜内的脂类和磷脂，使病毒细胞膜解体，阻止病毒对宿主细胞的感染等实现抗病毒性能。最早在医学临床上发现，服用椰子油的患者比不服用椰子油或单一服用单月桂酸甘油酯的患者更能有效地抵抗 HIV 病毒。此外，椰子油中的中链脂肪酸可以抑制机体消化道内革兰氏阳性菌、阴性菌和真菌的繁殖，尤其是对革兰氏阳性菌的抑菌效果最好，近年来，其作为抗生素替代品在畜禽养殖中已被广泛应用。

3. 抗氧化

椰子油中含有多酚类化合物和维生素 E 等抗氧化活性物质，故能够清除羟自由基、抑制 DNA 和脂质过氧化损伤、增强细胞内 SOD 和谷胱甘肽还原酶（GSH）等抗氧化酶的活性、提高机体抗氧化能力。研究发现，椰子油中的多酚类物质能有效清除老鼠体内多余的自由基。椰子油的抗氧化功能常与提取方式、温度等因素有关。一般地，原生态椰子油在加工过程中免受阳光暴晒或高温加热的损害，其天然抗氧化活性成分（总酚含量、维生素 E 等）流失较少，故原生态椰子油的抗氧化性能优于普通椰子油。原生态椰子油比椰子油含有更多的未皂化物、维生素 E 和多酚，其可显著增强抗氧化酶的活性，阻止脂质的过氧化反应。高温条件下提取的椰子油中多酚含量高于低温条件下提取的椰子油，且会表现出更强的抗氧化能力。

（二）饲料化应用效果

Kim 等（2020）研究发现，与玉米油相比，在肉鸡日粮中添加椰子油能显著改善肉鸡饲料转化率，并提高肌肉中月桂酸和肉豆蔻酸含量，而对器官重量和肠道发育无不利影响。Jordan 等（2006）研究发现，与添加椰子粕相比，日粮中添加椰子油能提高肉牛生产性能、消化率，降低 SFA 含量。与菜籽油相比，在妊娠期母猪日粮中添加椰子油能显著提高免疫球蛋白（IgM 和 IgG）的水平，并降低仔猪断奶期的死亡率，在日粮中添加辛酸和中链甘油三酯能提高仔猪的生长性能，增加十二指肠的绒毛高度。Swiatkiewicz 等（2021）研究发现，育肥猪饲料添加椰子油，不影响猪肉色，但能够改善肉质性状以及显著提高持水能力和滴水损失，并增加猪肉脂肪含量。

# 参考文献

陈林生，2014. 菠萝渣青贮对奶牛生产性能的影响［J］. 中国奶牛（Z3）：59-60.

程新东，杜霞，梁艳萍，等，2022. 葡萄渣饲粮对滩羊生长性能、胃肠道组织结构和消化酶活性的影响［J］. 饲料研究，45（7）：7-12.

丁娜，2019. 酿酒葡萄皮渣对绵羊生长性能、消化代谢和能量沉积的影响［D］. 晋中：山西农业大学.

高新梅, 2018. 饲粮不同水平葡萄籽酿酒残渣对育肥羊养分消化代谢的影响 [D]. 石河子：石河子大学.

韩建成, 李明福, 张劲, 等, 2015. 菠萝叶渣青贮饲料对生长育肥猪生长性能的影响研究 [J]. 热带农业工程, 39 (3)：25-28.

韩明霞, 2024. 椰子粕的营养价值评定及对文昌鸡生长性能、屠宰性能和肉品质的影响 [D]. 河北科技师范学院.

郝晨曲, 2021. 葡萄渣对肉鸡生产性能及营养物质代谢的影响研究 [D]. 银川：宁夏大学.

黄和, 王玲, 陈仰真, 2010. 菠萝皮发酵生产饲料蛋白优良菌种的筛选 [J]. 中国饲料 (9)：36-39.

康超, 刘凤昕, 刘云芬, 等, 2021. 不同品种芒果核多酚和黄酮含量及抗氧化活性评价 [J]. 食品工业科技, 42 (20)：100-105.

赖景涛, 2012. 椰子粕等量替代玉米对泌乳牛和干奶牛的影响 [J]. 中国牛业科学, 38 (1)：29-32.

赖景涛, 李秀良, 刘瑞鑫, 2011. 菠萝皮对乳用牛产奶量的影响 [J]. 中国牛业科学, 37 (6)：41-42.

李冲, 王宏博, 王国秀, 等, 2023. 葡萄渣对育肥羊瘤胃发酵和微生物区系的调控作用 [J]. 草业科学, 40 (2)：530-538.

连文伟, 张劲, 李明福, 等, 2003. 菠萝叶渣青贮饲料饲喂奶牛对比试验 [J]. 热带农业工程 (4)：23-25.

柳伟, 肖雪, 葛珊珊, 等, 2016. 12 种果皮多酚含量及其抗氧化活性研究 [J]. 食品研究与开发, 37 (14)：25-29.

马忠杰, 2022. 饲粮葡萄籽比例对多浪羊生长性能、屠宰性能及肉品质的影响 [D]. 阿尔拉：塔里木大学.

齐琪, 2023. 椰子粕对文昌鸡生长性能、肉品质和肠道健康的影响 [D]. 南宁：广西大学.

王成, 2022. 芒果副产物对肉鸡生长性能、消化道发育、血液参数及经济效益的影响 [J]. 中国饲料 (6): 105-108.

王爽, 张亚男, 黄雪冰, 等, 2022. 饲粮椰子粕和复合酶添加水平对蛋鸭生产性能、蛋品质、血浆生化指标及卵巢发育指标的影响 [J]. 动物营养学报, 34 (5): 2980-2990.

王馨, 廖先兵, 罗浩, 2019. 葡萄渣对肉鸡生长性能、营养物质消化及肉质的影响 [J]. 中国饲料 (16): 35-39.

王勇, 2011. 原花青素对正常与肥胖小鼠的脂解作用及其机制研究 [D]. 咸阳: 西北农林科技大学.

温斌华, 吴强, 张莹, 等, 2022. 日粮中添加发酵芒果皮对鸿光黑鸡生长性能及肉品质的影响研究 [J]. 中国饲料 (17): 132-137.

吴建敏, 承尧兴, 徐俊, 等, 2007. 葡萄籽残渣饲喂奶牛的效果研究 [J]. 中国畜牧杂志 (7): 62-63.

肖子通, 2022. 葡萄渣替代麦麸对育肥猪生长发育和肉品质的影响 [D]. 西北农林科技大学.

杨德莲, 童津津, 张婕, 等, 2018. 葡萄籽原花青素对奶牛瘤胃体外发酵参数及微生物区系的影响 [J]. 动物营养学报, 30 (2): 717-725.

杨伟丽, 张放, 于震, 等, 2019. 椰子油的生理功能及其在仔猪生产中的应用 [J]. 中国饲料 (13): 118-122.

杨镇玮, 2020. 发酵菠萝渣对育肥后期肉牛的饲喂效果研究 [D]. 广州: 华南农业大学.

张世卫, 何孟莲, 张兴国, 2020. 葡萄渣和尿素处理稻草对牛瘤胃体外发酵及消化率的影响 [J]. 中国饲料 (2): 65-69.

张旭, 蒋桂韬, 王向荣, 等, 2016. 临武鸭对添加复合酶棕榈粕和椰子粕的养分、氨基酸和能量的利用率 [J]. 动物营养学报, 28 (8): 2360-2366.

赵俊星,刘向东,金亚倩,等,2017.日粮中添加酿酒葡萄渣对绵羊肉品质及肌肉抗氧化性的影响[J].畜牧兽医学报,48(8):1481-1490.

赵媚,2023.椰子粕在动物生产中的应用[J].湖南饲料(6):33-37.

赵巧丽,刘玉革,林丽静,等,2019.芒果皮渣多糖提取工艺优化及其抗氧化活性研究[J].保鲜与加工,19(1):102-110.

赵伟然,2020.发酵菠萝渣在川中黑山羊日粮中替代青贮玉米的应用研究[D].广州:华南农业大学.

周业飞,周梅仙,王祥雷,2021.葡萄渣粉对高温期蛋鸡生产性能、血清生化指标和抗氧化能力的影响[J].中国畜牧杂志,57(6):223-227.

Abdullahi I, Omage J J, Idachaba C U, et al., 2017. Performance of broiler finisher chickens fed varied levels of mango seed kernel meal as replacement for maize [J] Nigerian Society for Animal Production, 44 (1): 209-214.

Araújo L R S., Watanabe P H, Fernandes D R, et al., 2021. Dietary ethanol extract of mango increases antioxidant activity of pork [J]. Animal, 15: 1-6.

Chedea VS, Pelmus RS, Lazar C, et al., 2017. Effects of a diet containing dried grape pomace on blood metabolites and milk composition of dairy cows. J Sci Food Agric, 97 (8): 2516-2523.

Gomes L G, De Faria Júnior W G, Pimentel V A B, et al., 2019. Ruminal acidosis caused by excessive ingestion of mango fruit (Mangifera indica) in cow [J]. Acta Scientiae Veterinariae, 47: 1-4.

Hadja O S, Augustin B K, Alain M, et al., 2013. Chemical composition, digestibility, and voluntary feed intake of mango residues by sheep [J]. Tropical Animal Health and Production, 45: 665-669.

Ianni A, Innosa D, Martino C, et al., 2019. Short communication: Compositional characteristics and aromatic profile of caciotta cheese obtained from Friesian cows fed with a dietary supplementation of dried grape pomace [J/OL]. Journal of Dairy Science, 102 (2): 1025-1032.

Jang J C, Kim D H, Hong J S, et al., 2020. Effects of Copra Meal Inclusion Level in Growing-Finishing Pig Diets Containing β-Mannanase on Growth Performance, Apparent Total Tract Digestibility, Blood Urea Nitrogen Concentrations and Pork Quality [J]. Animals, 10 (10): 1840.

Jordan E, Lovett D K, Monahan F J, et al., 2006. Effect of refined coconut oil or copra meal on methane output and on intake and performance of beef heifers [J]. Journal of Animal Science, 84 (1): 162-170.

Kafantaris I, Stagos D, Kotsampasi B, et al., 2018. Grape pomace improves performance, antioxidant status, fecal microbiota and meat quality of piglets. Animal, 12 (2): 246-255.

Kim Y B, Kim D H, Jeong S B, et al., 2020. Black Soldier Fly Larvae Oil as an Alternative Fat Source in Broiler Nutrition [J]. Poultry Science, 99 (6): 3133-3143.

Orayaga K T, Okolie A C, Asanka N B, et al., 2019. Performance of broiler chicken fed diets containing mango (Mangifera indica) fruit reject pulp mixed with maize offal [J]. Nigerian Journal of Animal Production, 46 (4): 89-100.

Pereira Farias N N, Freitas E R, Gomes H M, et al., 2020. Ethanolic extract of mango seed used in the feeding of broilers: effects on phenolic compounds, antioxidant activity, and meat quality [J]. Canadian Journal of Animal Science, 100 (2): 299-307.

Pereira Farias N N, Freitas E R, Nepomuceno R C, et al., 2021. Ethanolic extract of mango seed in broiler feed: Effect on productive performance, segments of the digestive tract and blood parameters [J]. Animal Feed Science & Technology, 279: 1-10.

Rafiu T A, Odunsi A A, Akinwumi A O, et al., 2016. Responses of Broiler chicken to parboiled mango seed kernel meal (PMKM) based diet fortified with vitamins [J]. International Journal of Livestock Research, 6 (11): 25-30.

Son A R, Ji S Y, Kim B G, 2012. Digestible and metabolizable energy concentrations in copra meal, palm kernel meal, and cassava root fed to growing pigs [J]. Journal of Animal Science, 90 Suppl 4: 140-142.

Swiatkiewicz M, Olszewska A, Grela E R, et al., 2021. The Effect of Replacement of Soybean Meal with Corn Dried Distillers Grains with Solubles (cDDGS) and Differentiation of Dietary Fat Sources on Pig Meat Quality and Fatty Acid Profile [J]. Animals, 11 (5): 1277.

Wang R, Yu H, Fang H, et al., 2020. Effects of dietary grape pomace on the intestinal microbiota and growth performance of weaned piglets. Arch Anim Nutr; 74 (4): 296-308.

# 第七章 动物及微生物加工副产物资源的开发与利用

## 第一节 水产品加工副产物资源的开发与利用

水产品加工业是全球食品产业的重要组成部分，然而，在水产品加工过程中，通常会产生大量的副产物，如鱼粉、鱼皮、鱼内脏、虾蟹壳、贝壳等，这些副产物占原料的 30%~70%。传统上，这些副产物往往被丢弃或简单处理，不仅造成资源浪费和环境污染，也制约了水产品加工业的经济效益和可持续发展。这些副产物富含蛋白质、脂肪、甲壳素、胶原蛋白、生物钙等多种生物活性物质和营养成分，具有巨大的开发利用价值。以鱼类加工副产物为例，鱼粉作为一种优质的蛋白质资源被广泛应用于畜禽饲料中，但随着全球鱼粉产量增长缓慢及需求量的不断增加，鱼粉供需矛盾日益突出。甲壳类加工副产物，如虾蟹壳，富含甲壳素，可用于制备壳聚糖及其衍生物，应用于医药、食品、农业等领域。聚焦水产品加工副产物的综合利用，促进水产加工业向高值化、精深加工方向发展。尤其是加强水产品加工副产物资源化利用的关键技术研发，建立健全水产品加工副产物资源化利用的标准体系，推动水产品加工业向绿色、可持续方向发展。

### 一、鱼粉的营养特性

鱼粉作为一种动物性蛋白源，在畜禽和水产养殖中扮演着不可或缺的角色，其卓越的营养特性，不仅体现在其丰富的蛋白质含量上，更得益于其均衡的氨基酸组成、丰富的脂肪酸构成及多种必需矿物质和维生素。首先，鱼粉蛋白质含量高，消化率高，生物学效价高。据国际市场鱼粉产品的常规分析数据，不同国家生产的鱼粉，其粗蛋白质含量存在一定差异，一般美国生产的鱼粉粗蛋白质含量在64%~72%，而欧洲国家生产的鱼粉粗蛋白质含量则在60%~67%。优质鱼粉的粗蛋白质含量通常在60%以上，甚至可达70%，且其消化率可达90%以上，远高于豆粕、菜籽粕等植物性蛋白原料。真蛋白质与粗蛋白质含量的比值是衡量鱼粉蛋白质质量的常用指标，该比值越高，说明鱼粉中非蛋白氮含量越低，蛋白质品质越好。一般来说，进口鱼粉的真蛋白质/粗蛋白质要求在80%~85%，而国产鱼粉要求该比例大于75%。更重要的是，鱼粉的氨基酸组成模式与动物所需的模式非常接近，含有充足的赖氨酸、蛋氨酸、色氨酸等限制性氨基酸，能够有效弥补植物性蛋白源的营养缺陷（表7-1）。如鱼粉的赖氨酸含量可达4.5%以上，而豆粕仅为2.8%左右，因此，在以玉米、豆粕为主的饲粮中添加鱼粉，能够显著改善饲粮的氨基酸平衡性，提高饲料利用率，促进动物生长（图7-1）。此外，鱼粉中粗脂肪含量也是影响其品质的重要因素。鱼粉的粗脂肪含量过高容易氧化酸败，导致营养物质损失，降低其使用价值。按照国家标准方法测定，鱼粉中粗脂肪含量一般在12%以内。我国生产的鱼粉粗脂肪含量一般为10%~12%，而进口鱼粉的粗脂肪含量一般低于10%。鱼粉中的脂肪多为不饱和脂肪酸，其中二十二碳六烯酸（DHA）和二十碳五烯酸（EPA）具有促进脑发育、提高免疫力等生理功能。鱼粉中还含有丰富的矿物质元素，其中钙和磷是动物必需的常量矿物质元素，对骨骼生长、发育至关重要。鱼粉中钙含量通常为4%~6%，磷含量为2%~4%，钙磷比值在1.5~2.0。鱼粉中钙磷含量与其原料中鱼骨的比例有关，高钙磷含量通常意味着鱼粉原料中鱼骨含量较高。

图 7-1 鱼类

表 7-1 优质鱼粉中氨基酸比例 （%）

| 氨基酸 | 比例 | 氨基酸 | 比例 | 氨基酸 | 比例 |
| --- | --- | --- | --- | --- | --- |
| 苏氨酸 | 2.6 | 天冬酰胺 | 6.3 | 精氨酸 | 4.7 |
| 谷氨酸 | 9.4 | 丝氨酸 | 1.6 | 脯氨酸 | 2 |
| 丙氨酸 | 4.5 | 甘氨酸 | 3.8 | 赖氨酸 | 5.3 |
| 缬氨酸 | 4 | 半胱氨酸 | 0.7 | 粗氨酸 | 1.9 |
| 亮氨酸 | 5.3 | 蛋氨酸 | 2 | 色氨酸 | 0.7 |
| 苯丙氨酸 | 3.3 | 异亮氨酸 | 3.3 | 酪氨酸 | 2.3 |

## 二、鱼粉的加工利用技术

饲料中添加的鱼粉分类：根据来源不同可分为进口鱼粉和国产鱼粉；根据生产过程不同的烘干方法可分为直火鱼粉、热气鱼粉和蒸汽鱼粉；根据加工工艺分为脱脂鱼粉、半脱脂鱼粉和全脂鱼粉。

鱼粉的加工方式大体相同，主要包括蒸煮、压榨、干燥、粉碎、包装等环节（杨佩，2022）。其中，压榨的目的在于去除鱼粉中多余的油脂，防止鱼粉脂肪含量过高氧化酸败而降低品质。根据脱脂程度可将鱼粉分为全脂鱼粉、全脱脂鱼粉和半脱脂鱼粉。全脂鱼粉指鱼经蒸煮机熟化后不经过压榨直接进入烘干机烘干制成。这样制成的鱼粉新鲜度不高，粗蛋白质含量一般在55%～62%，脂肪、盐分和酸价也相对较高，品质较差。全脱脂鱼粉则是将蒸煮后的原料经过压榨、固液分离、油水分离，继而干燥、冷却、筛选、粉碎等加工而成，这样制成的鱼粉粗蛋白质含量通常在60%～70%，酸价也相对较低，质量较好。半脱脂鱼粉的加工方式与全脱脂鱼粉加工相似，但为了增加出粉率，未在压榨后进行油水分离，这使得其粗蛋白质含量略低于全脱脂鱼粉，酸价相对偏高。鱼粉的干燥方式主要有直火干燥和低温蒸汽干燥。直火干燥原理简单，但容易造成物料局部温度过高，破坏养分，现已改为蒸汽间接或低温真空干燥；低温蒸汽干燥温度一般在90℃以下，相较直火干燥有效避免了鱼粉养分的流失，低温蒸汽干燥出产的鱼粉稳定性高且品质优于其他鱼粉。

### 三、鱼粉的饲料化应用效果

#### （一）在单胃动物饲料中的应用

鱼粉对鸡不但适口性好，而且可以补充必需氨基酸、B族维生素及其他矿物元素。肉鸡饲料中添加鱼粉可使鸡生长速度快，改善肉鸡的着色。蛋鸡饲料添加鱼粉可提高产蛋率和孵化率。需要注意的是，当鱼粉添加量比较高时，会导致鸡蛋和鸡肉有鱼腥味，因此需要控制用量，通常雏鸡和肉用仔鸡饲料中的添加量不超过5%，蛋鸡饲料的添加量不超过2%。对于猪而言，鱼粉具有改善饲料转化效率和提高增重速度的效果，而且猪年龄越小，效果越明显，原因与鱼粉可以补充猪所需要的赖氨酸和蛋氨酸有关。断奶前后仔猪饲料中最少要使用2%～5%的优质鱼粉，育肥猪饲料中一般在3%以下。Zhang等（2013）研究发现，相较于单细胞蛋白，仔猪日粮添加鱼粉能够提高仔猪的平均日增重。Ma 等（2019）比较了豆粕、大豆浓缩蛋白、发酵豆粕和鱼粉等多种蛋白质饲料对断奶仔猪养分消化率及生长性能的影响，结果显示，鱼粉组在第 0~14d 显著增加了仔猪平均日增重和肉料比，且干物质、有机物、粗蛋白质及总能的 ATTD 显著高于豆粕、大豆浓缩蛋白、发酵豆粕。Eman 等（2023）研究发现，鱼粉能够提高仔猪消化道内麦芽糖酶和蔗糖酶的活性，进而促进饲料中碳水化合物的消化利用。朱相燕等（2024）研究评估了 30 个凡纳对虾家系在零鱼粉饲料（蛋白质含量 38%）和高鱼粉饲料（鱼粉含量 25%，蛋白质含量 42%）饲喂条件下的饲料利用效率相关性状的遗传参数。结果显示，高鱼粉饲料组对虾平均增重率（62.00%）和平均饲料效率比（124.00%）显著高于零鱼粉饲料组（23.50%和 49.40%）；摄食量和增重率在两种饲料条件下的遗传力均处于中等水平（0.458 ± 0.140 至 0.699 ± 0.155），而饲料效率比在零鱼粉饲料下的遗传力较低（0.186 ± 0.098）；摄食量和增重率在两种饲料间遗传相关性为中等，而饲料效率比的遗传相关性较低，表明存在显著的基因型与饲料互作效应；因此，使用高鱼粉饲料利于凡纳对虾的养殖和选育。

（二）在反刍动物饲料中的应用

由于鱼粉价格高及适口性差，反刍动物很少使用它。在犊牛代用乳中适当添加可减少奶粉使用量，用量宜在 5%以下，过多会引起腹泻。此外，由于动物源性饲料可能会造成反刍动物患疯牛病，根据中华人民共和国农业部 2001 年出台的《农业部关于禁止在反刍动物饲料中添加和使用动物性饲料的通知》，我国禁止在反刍动物饲料中添加使用包括鱼粉在内的动物源性饲料，如肉骨粉、骨粉、血粉、羽毛粉、油渣、骨胶等。

需要注意的是，由于鱼粉是资源型饲料，具有不可再生性。近年来，由于全球水产养殖业生产的快速扩张和海洋渔业资源的衰退，以鱼粉为代表的蛋白质饲料资源在全球范围内日益紧缺，供需失衡导致鱼粉价格和养殖成本不断上涨，因此大量的学者开始探索鱼粉的替代方案，以减少水产饲料中鱼粉的使用。目前市场上主要有的鱼粉替代方案包括植物蛋白、动物蛋白、混合蛋白等。植物蛋白的研究最为广泛，包括酶解豆粕、发酵豆粕、膨化大豆、速爆大豆、大豆浓缩蛋白等。动物蛋白包括血粉、肉骨粉、鸡肝粉、羽毛粉、乳粉等，尽管利用其他动物蛋白替代鱼粉能取得不错的效果，但动物蛋白通常价格高昂，替代成本较高。混合蛋白包括多种植物蛋白的混合和植物蛋白与动物蛋白共同混合，通过控制混合的比例，能够控制营养成分含量和氨基酸组成，使其与鱼粉的营养成分更为接近。

## 第二节 甲壳类动物加工副产物资源的开发与利用

随着全球水产养殖业的快速发展，对蛋白质饲料原料的需求与日俱增。然而，传统的鱼粉资源逐渐枯竭，价格持续上涨，寻找其替代品成为水产饲料行业亟待解决的关键问题。甲壳类动物，如虾、蟹等，是重要的水产资源。据2016年统计，我国水产品总产量高达6 901.26万t，其中用于加工的水产品总量为2 635万t，这预示着每年有大量的甲壳类加工副产物产生。这些副产物，包括虾头、虾壳、蟹壳等，富含蛋白质、甲壳素、脂类、矿物质等多种营养成分，是极具开发潜力的饲料资源。甲壳类副产物中的蛋白质含量可达20%~30%，其氨基酸组成较为合理，可部分替代鱼粉作为水产动物的蛋白质来源。研究表明，在罗非鱼饲料中，以南美白对虾虾粉替代30%用量的鱼粉，对罗非鱼的生长性能和饲料利用率没有显著影响。此外，甲壳类副产物中富含的甲壳素，具有增强动物免疫力、促进肠道健康和抗菌等生物学功能，使其在功能性饲料添加剂的开发应用方面展现出巨大潜力。但甲壳类副产物也存在一些限制性因素，如易腐败变质、消化吸收率低、存在潜在的过敏原等问题。因此，须通过科学有效的加工手段，如酶解、发酵、微波处理等，提高其营养价值和消化利用率，并降低其抗营养因子含量，以更好地发挥其在水产饲料中的应用价值。

## 一、甲壳类动物分类

甲壳类动物作为节肢动物门甲壳纲中种类繁多的一个类群，其丰富的资源为水产养殖业提供了巨大的潜力。根据形态结构和演化关系，甲壳纲可分为切甲亚纲和软甲亚纲。切甲亚纲主要包括一些体型微小的种类，如水蚤、鱼虱等，尽管数量庞大，但由于收集和加工的难度较大，其副产物在饲料工业中的应用价值有限。而软甲亚纲则涵盖了我们熟知的虾、蟹、龙虾等经济价值较高的种类，其副产物也因其产量大、营养丰富而备受关注。在软甲亚纲中，又以十足目、磷虾目、等足目等最为常见。十足目包括我们日常食用的虾、蟹等，其副产物占比较高，是甲壳素、蛋白质和脂类等生物活性物质的重要来源。全球每年生产的虾、蟹等十足目甲壳类动物超过1 000万t，其产生的副产物数量庞大，若能加以充分利用，可极大地缓解水产养殖业对鱼粉的需求压力。磷虾目动物体型较小，但数量多，是海洋生态系统中的关键物种，其体内富含蛋白质和$\omega-3$多不饱和脂肪酸，是未来水产饲料蛋白源和功能性添加剂的重要来源。等足目动物种类繁多，形态习性差异较大，其中一些种类，如潮虫等，具有较高的开发利用价值，其副产物可作为提取甲壳素、色素等生物活性物质的原料。但并非所有甲壳类副产物都适宜直接作为饲料原料。如一些寄生性的等足目动物，其体内可能携带病原体，须经过严格的处理才能保证其安全性。此外，甲壳类副产物易腐败变质，须进行科学的加工处理，如干燥、脱脂和脱钙等，以延长其保质期，提高其适口性和消化利用率。

## 二、甲壳类副产物的功能营养素

### （一）甲壳素

甲壳素，又称几丁质（图7-2至图7-4），是一种天然存在的

第七章　动物及微生物加工副产物资源的开发与利用

图7-2　虾

图7-3　车螺

图7-4　蛤蜊

生物高分子聚合物，为 N-乙酰-D-氨基葡萄糖以 β-1,4 糖苷键连接而成的直链多糖，是自然界中含量仅次于纤维素的第二大天然有机化合物。它广泛存在于节肢动物（如虾、蟹等）的外骨骼、昆虫的表皮、真菌的细胞壁及一些藻类和软体动物中。每年自然界中甲壳素的生物合成量约为 100 亿 t，是一个巨大的可再生资源。甲壳类动物，如虾、蟹等，其外壳中甲壳素含量高达 20%~30%，是提取甲壳素的主要来源。甲壳素具有良好的生物相容性、生物降解性、无毒性和抗菌活性，在医药、食品、农业等领域具有广泛的应用价值。在水产养殖中，甲壳素及其衍生物作为功能性营养素，已被证实具有多种生物学功能，主要如下。①增强免疫力：甲壳素能够激活水产动物的免疫系统，提高其对病原体的抵抗力。在饲料中添加适量的甲壳素，可显著提高鱼虾的免疫球蛋白水平、吞噬细胞活性和溶菌酶活性，增强其对细菌、病毒等病原体的抵抗力。②促进生长：甲壳素可促进水产动物的消化吸收功能，提高饲料利用率，从而促进其生长。在饲料中添加甲壳素，发现可提高鱼虾的肠道消化酶活性、改善肠道菌群结构，促进其对营养物质的消化吸收，从而提高其生长速度和饲料转化率。③改善肉质：甲壳素可提高水产动物的抗氧化能力，减少其体内自由基的产生，从而改善其肉质，提高水产品品质。饲喂添加甲壳素的饲料，可提高鱼虾肌肉中的抗氧化酶活性，降低其体内脂质过氧化产物含量，可改善其肉色、提高其肌肉弹性和持水性。④吸附重金属：甲壳素具有良好的吸附性能，可吸附水体中的重金属离子，降低其对水产动物的毒害作用。甲壳素对铅、镉和汞等重金属离子具有较强的吸附能力，可有效降低其在水产动物体内的积累，提高其安全性。

（二）虾青素

虾青素是一种红色的酮式类胡萝卜素，广泛存在于自然界中，赋予鲑鱼、虾、蟹等水生生物鲜艳的红色。虾青素本身不能由动物直接合成，主要来源于藻类、细菌和浮游植物，并通过食物链传递和积累到更高营养级的生物体内。甲壳类动物，特别是虾和蟹，是虾青素的重要来源。虾青素在这些动物体内主要以酯化形式存在，与蛋白质结合形成蓝色的虾青蛋白。当甲壳类动物被加热或受到外界环境胁迫时，虾青蛋白会发生变性，虾青素被释放出来，呈现出鲜艳的红色。虾青素具有强大的抗氧化活性，其清除自由基的能力是维生素 E 的 500~1 000 倍，β-胡萝卜素的 10 倍，被誉为"超级维生素 E"。虾青素的生理功能主要如下。①增强免疫力：虾青素可提高机体免疫细胞的活性，增强机体免疫应答，提高抗病能力。②抗氧化：虾青素可有效清除体内自由基，减轻氧化应激对细胞的损伤。③保护心血管：虾青素可降低血液中 LDL-C 的水平，提高 HDL-C 的水平，预防动脉粥样硬化。④保护眼睛：虾青素可穿过血脑屏障和血视网膜屏障，有效清除眼部自由基，缓解视疲劳，预防眼部疾病。目前，虾青素已被广泛应用于食品、保健品、化妆品和水产养殖等领域。随着虾青素的生物学功能被不断发现，其应用范围还将不断扩大。

## 三、甲壳类副产物的饲料化应用效果

甲壳类副产物作为潜在的饲料原料，在猪生产中展现出积极的应用效果。虾青素作为甲壳类副产物中重要的生物活性物质，对猪的繁殖性能、抗氧化能力和肉品质均有一定的改善作用。在母猪日粮中添加 0.5mg/kg 的虾青素，可有效缓解热应激对卵母细胞成熟的负面影响，提高受精率和胚胎存活率。这归因于虾青素强大的抗氧化功能，能够有效清除自由基，减轻氧化应激损伤。此外，虾青素对公猪精液质量也具有保护作用，添加虾青素可显著降低精液中活性氧（ROS）含量，提高精子活力和寿命，进而改善精液品质。对于仔猪而言，甲壳类副产物中的虾青素和其他活性成分同样具有促进生长和提高抗病力的作用。如在断奶仔猪日粮中添加 4 400 mg/kg 虾青素和双乙酸钠的混合制剂，可显著提高血清和空肠黏膜中 SOD、GSH-Px 等抗氧化酶的活性，增强机体抗氧化能力，维护肠道健康，促进营养物质消化吸收，最终提高仔猪的生长性能。此外，甲壳类副产物中的虾青素还能通过改善猪肉品质，提升其经济价值。虾青素作为一种天然色素，能够沉积在肌肉中，赋予猪肉鲜红的色泽。更重要的是，虾青素强大的抗氧化能力可抑制肌肉内的脂质氧化，减少过氧化物的产生，提高肌肉的持水性和保鲜能力，改善肉质和风味。

## 第三节 畜禽加工副产品资源的开发与利用

随着全球人口的持续增长和生活水平的不断提高，人们对动物性食品的需求日益增加，这也推动了畜牧业的快速发展。据统计，全球每年产生约700亿头（只）畜禽，产生大量的畜禽产品，同时也伴随着数量庞大的动物加工副产物。全球每年产生的动物加工副产物高达数十亿t，其中包括畜禽血液、畜禽骨骼、畜禽脏器和动物皮毛等。这些副产物如果不能得到妥善处理和有效利用，不仅会造成资源的浪费，还会带来严重的环境污染问题，威胁人类健康和生态安全。传统的动物加工副产物处理方式主要包括填埋、焚烧等，这些方式不仅效率低下，还会造成环境污染，不利于畜牧业的可持续发展。近年来，随着科技的进步和人们环保意识的增强，对动物加工副产物进行资源化利用已成为全球畜牧业发展的重要趋势。动物加工副产物富含蛋白质、脂肪、矿物质等多种营养成分，具有很高的利用价值。如畜禽血液中含有丰富的蛋白质，可通过加工制成血粉、血浆蛋白粉等优质蛋白质饲料；畜禽骨骼中含有丰富的钙、磷等矿物质元素，可通过加工制成骨粉、骨胶等产品，应用于饲料、医药和食品等领域；畜禽脏器可用于提取肝素、胰岛素等生物活性物质，用于医药领域；动物皮毛可用于制革、毛纺等行业，生产皮革制品、毛纺织品等。为了更好地开发利用动物加工副产物资源，需加强相关技术研发，提高副产物的附加值。可利用生物技术对畜禽血液进行深加工，提取其中的功能性蛋白，开发高附加值的生物制品；可利用酶解技术对畜禽骨骼进行处理，提高其消化吸收率，开发新型饲料添加剂；可利用现代分离纯化技术从畜禽脏器中提取高纯度的生物活性物质，用于医药领域。

## 一、畜禽血液

### （一）畜禽血液来源

动物血液作为畜禽屠宰过程中产生的副产物，蕴藏着丰富的营养资源，对其进行合理开发和利用，对于提高资源利用率、发展循环经济、减少环境污染具有重要意义。据统计，一头体重为 100kg 的猪，其血液量为 4~4.6kg，而一头体重为 500kg 的牛，其血液量可达 40kg 左右。全球每年屠宰的牛、羊、猪等牲畜数量巨大，由此产生的动物血液数量十分可观。以我国为例，作为世界上生猪养殖量和屠宰量最大的国家，每年出栏生猪数量接近 7 亿头，按平均每头猪产生 4kg 血液计算，全国每年可获得猪血资源量高达 280 万 t。动物血液的来源十分广泛，涵盖了猪、牛、羊、禽类等各种畜禽。其中，屠宰场是动物血液的主要来源，现代化的屠宰流水线配备了完善的血液收集系统，能够在保证血液质量的同时实现高效收集。此外，部分动物血液来源于规模化养殖场的紧急处理、病死动物的无害化处理及动物医疗过程中的采血等途径。长期以来，由于人们对动物血液资源的认识不足及加工利用技术的限制，相当一部分动物血液未能得到充分利用，造成了资源的浪费。为了更好地开发和利用这一宝贵资源，须不断探索和完善动物血液的收集、加工和利用等环节的技术体系，并加强相关产品的研发和推广，从而实现动物血液资源的高效、安全、环保利用。

### （二）营养特性

动物血液作为畜禽屠宰过程中产生的副产物，富含多种营养物质，具有很高的开发利用价值。其营养特性主要体现在以下几个方面。首先，动物血液是优质蛋白质的重要来源。如表 7-2 所示，不同种类的动物血液中，水分含量在 75%~82%，而蛋白质含量则高达15%~25%，与大豆等植物性蛋白源相比，动物血液中的蛋白质具有更高的生物学价值，更易于被动物消化吸收。其次，动物血液中含有丰富的氨基酸，尤其是赖氨酸、色氨酸等限制性氨基酸含量较高，能够有效弥补植物性饲料原料中这些氨基酸的不足，提高饲料的营养价值。此外，动物血液中还含有多种矿物质元素，例如铁、锌、铜等，以及B族维生素等微量营养素，这些营养成分对于维持动物机体的正常生理功能、促进生长发育和增强免疫力等方面具有重要作用。然而，动物血液中也含有一些抗营养因子，例如凝血因子、抗胰蛋白酶等，这些成分可能会影响动物对营养物质的消化吸收，甚至对动物健康造成不利影响。因此，在将动物血液作为饲料原料或进行其他产品开发之前，须采取适当的加工处理方法，去除或钝化其中的抗营养因子，以充分发挥其营养价值，保障动物健康和产品安全。

表7-2　各类动物血中的水分和蛋白质含量　　　　（%）

| 样品 | 水分 | 蛋白质 |
| --- | --- | --- |
| 猪血 | 79.0 | 20.2 |
| 牛血 | 80.0 | 17.0 |
| 羊血 | 82.0 | 15.3 |
| 马血 | 75.0 | 25.2 |
| 鸡血 | 80.0 | 17.9 |
| 鸭血 | 80.0 | 18.0 |
| 鹅血 | 78.0 | 19.6 |

（三）加工方法

动物血液作为畜禽屠宰过程中产生的副产物，富含蛋白质、氨基酸、矿物质等营养成分，具有很高的开发利用价值。然而，新鲜的动物血液极易腐败变质，且存在传播疾病的风险，因此须对其进行及时、有效的加工处理，才能实现其资源化利用，并保障产品安全。动物血液的加工方法主要包括以下几种。

1. 干燥法

干燥法是应用最广泛的动物血液加工方法之一,其原理是通过加热或其他方式去除血液中的水分,使其成为便于储存和运输的固体产品。常见的干燥方法包括喷雾干燥、真空干燥和滚筒干燥等。其中,喷雾干燥法制得的血粉品质较高,但成本也相对高;真空干燥法能够最大限度地保留血液中的营养成分,但效率较低;滚筒干燥法操作简单,成本较低,但产品品质相对较差。

2. 分离法

分离法是利用离心等物理方法将动物血液分离成不同组分的加工方法。如通过离心可将血液分离成血浆和血球,血浆可被进一步加工成血浆蛋白粉,血球则可被加工成血球粉。分离法能够获得不同性质和用途的产品,提高动物血液的附加值。

3. 水解法

水解法是利用酶解或酸解等方法将动物血液中的蛋白质分解成小分子肽类或氨基酸的加工方法。水解产物溶解性好,易于消化吸收,可作为优质的蛋白质补充剂应用于饲料领域。

4. 发酵法

发酵法是利用微生物的作用对动物血液进行发酵处理,将其转化为具有特殊风味或功能的饲料。例如,可利用乳酸菌对动物血液进行发酵,制成具有独特风味的血液发酵制品。

5. 其他加工方法

除了上述几种常见的加工方法外,还有一些新兴的动物血液加工技术,如超临界萃取技术、微波干燥技术和膜分离技术等。这些新技术能够提高动物血液的加工效率、产品品质和附加值,具有广阔的应用前景。在实际生产中,须根据具体的加工目的、产品需求及生产条件选择合适的动物血液加工方法,并制定科学合理的加工工艺,才能生产出符合市场需求的高质量产品。

## （四）饲料化应用效果

血粉产品主要有全血粉、血浆蛋白粉、血球蛋白粉。作为动物源蛋白饲料，尽管血粉中粗蛋白质含量较高，但由于其存在氨基酸不平衡、适口性差等缺陷，在饲料中的应用并不广泛。首先，血粉中的粗蛋白质主要来源于血球蛋白，其紧密的球状结构不利于动物的消化吸收。通过采用喷雾干燥、发酵等方式处理血粉，能够一定程度上提高血粉的蛋白利用率。其次，血粉中赖氨酸含量较高，而蛋氨酸、异亮氨酸含量却极低，严重影响动物对血粉蛋白的利用，因此，在添加血粉时需要与其他蛋白原组合使用，或补充添加合成氨基酸以调控氨基酸的平衡。另外，新鲜血液中水分含量高，很容易受到微生物和动物性内源酶的影响，一旦储存不当，极易受到污染，导致血粉的适口性变差。研究表明，断奶仔猪日粮中添加血浆蛋白粉，能够提高机体免疫力，促进仔猪生长发育（Martelli 等，2003）。刘延贺等（2009）研究了不同比例的膨化血粉替代鱼粉饲喂生长猪的效果，结果表明 5% 的膨化血粉可以提高猪的生长性能，但 8% 的膨化血粉则会导致生长性能严重下降。谢红兵等（2012）研究表明，鹅日粮中添加 3% 的膨化血粉能够提高鹅的生长性能，改善肠道微生物菌群。综合各项研究，目前认为饲料中血粉的添加量不宜过高。一般鸡仔、仔猪饲料中用量应小于 2%，成年猪、鸡饲料中用量不应超过 4%。

## 二、动物骨

据统计，全球每年约产生动物骨骼数十亿吨，其中蕴藏着丰富的资源。动物骨骼富含矿物质，尤其是钙、磷含量丰富，且比例适宜，是优质的矿物质来源。此外，动物骨骼中还含有一定量的蛋白质、胶原蛋白等营养物质。因此，对动物骨骼进行资源化利用，对于提高饲料资源利用率、降低饲料成本、减少环境污染、促进畜牧业可持续发展具有重要意义。动物骨饲料是指以畜禽骨骼为主要原料，经过粉碎、脱胶和脱脂等加工处理后制成的粉状或颗粒状饲料原料，主要包括骨粉、骨胶和骨油等产品。其中，骨粉是应用最为广泛的动物骨饲料产品，其钙磷含量高，可达 30%~36% 和 15%~17%，且消化吸收率较高，是畜禽饲料中常用的矿物质补充剂。骨胶是动物骨骼中提取的胶原蛋白，具有良好的黏结性和成膜性，可作为饲料黏合剂、品质改良剂等。骨油是从动物骨骼中提取的脂肪，可作为能源饲料或用于制备其他化工产品。动物骨饲料化的关键在于提高其安全性、营养价值和适口性。传统的骨粉加工方法存在着产品细菌含量高、消化吸收率低和适口性差等问题。为克服这些问题，近年来发展了一系列新的动物骨骼加工技术，例如生物酶解技术、超微粉碎技术和包被技术等，这些新技术的应用能够有效提高动物骨饲料的品质和利用价值。

（一）动物骨来源

动物骨骼作为畜禽屠宰加工过程中产生的主要副产物之一，来源广泛，占动物体重的 10%~15%。其中，最主要的来源是屠宰场和肉类加工厂，这些企业每天处理大量的牲畜和家禽，产生大量的骨骼副产品。据统计，一头牛可产生约 150kg 的骨骼，一头猪可产生约 30kg 的骨骼，而一只鸡则可产生约 0.2kg 的骨骼。除了屠宰场和肉类加工厂，餐馆、食堂等餐饮企业及家庭厨房也会产生一定量的动物骨骼。此外，一些养殖场也会将病死动物的骨骼进行收集处理。为了确保动物骨骼的安全卫生，需要对其来源进行严格的控制和管理，建立健全的收集、运输和储存等环节的标准化操作规程，防止骨骼污染和变质，为后续的加工利用提供安全可靠的原料保障。

（二）营养特性

动物骨骼富含多种营养物质，尤其是矿物质元素含量突出，是一种具有开发利用价值的饲料资源。如表 7-3 所示，动物骨骼的水分含量为 64%~69%，与肌肉组织相近；蛋白质含量为 10%~12%，低于肌肉组织，但仍然具有一定的营养价值。动物骨骼最显著的营养特点是其丰富的矿物质含量,其中钙、磷含量尤为突出,分别可达 395~545 mg/100g 和 190~216 mg/100g,且比例适宜,接近 2:1,非常有利于动物机体的吸收利用。而相比之下,其他常见的饲料原料,如玉米、豆粕等,其钙磷含量都较低,且比例不均衡,难以满足动物生长发育的需求。此外,动物骨骼中还含有一定量的铁、钠等矿物质元素,对维持动物机体的正常生理功能可起重要作用。动物骨骼中也含有一些抗营养因子,例如脂肪氧化产物、生物胺等,这些物质可能会对动物健康造成不利影响。因此,在将动物骨骼加工成饲料之前,须采取适当的处理方法,去除或钝化其中的抗营养因子,以提高其安全性和营养价值。

表 7-3 动物骨和肉的营养成分含量分析

| 项目 | 水分(%) | 蛋白质(%) | 脂类(%) | 碳水化合物(%) | 钙(mg/100g) | 磷(mg/100g) | 铁(mg/100g) | 钠(mg/100g) |
|---|---|---|---|---|---|---|---|---|
| 猪骨 | 69.3 | 11.7 | 10.3 | 0.1 | 395.0 | 216.0 | 3.19 | 147.0 |
| 猪肉 | 66.2 | 17.5 | 15.1 | 0.5 | 9.0 | 17.5 | 2.3 | 70.0 |
| 牛骨 | 64.2 | 11.5 | 8.0 | 0.2 | 545.0 | 190.0 | 4.8 | 120.0 |
| 牛肉 | 64.0 | 18.0 | 6.3 | 0.3 | 11.0 | 17.1 | 2.8 | 65.0 |
| 鸡骨 | 65.7 | 10.4 | 13.4 | 0.2 | 495.0 | 204.0 | 6.0 | 89.0 |
| 鸡肉 | 66.0 | 22.2 | 12.6 | 0.4 | 11.0 | 19.0 | 1.5 | 42.0 |

(三) 加工方法

新鲜的动物骨骼易腐败变质,且存在传播疾病的风险,直接作为饲料利用不仅效率低,还可能对动物健康造成威胁。因此,必须对动物骨骼进行科学合理的加工处理,才能将其转化为安全、高效的饲料资源。动物骨骼的加工方法主要包括以下 4 个步骤。①清洗与粉碎:收集的新鲜动物骨骼首先需要进行清洗,去除残留的肉屑、血液等杂质,以减少微生物污染。清洗后的骨骼需要进行粉碎处理,常用的粉碎设备包括颚式破碎机、锤式破碎机等,将骨骼破碎成大小适宜的颗粒,以便后续加工。②脱脂与脱胶:动物骨骼中含有一定量的脂肪和胶原蛋白,这些物质的存在会影响骨粉的品质和利用率。因此,在粉碎后,通常需要进行脱脂和脱胶处理。常用的脱脂方法包括溶剂萃取法、高温蒸煮法等,而脱胶则常采用热水浸泡法、酶解法等。③干燥与灭菌:脱脂和脱胶处理后的骨骼需要进行干燥处理,以降低水分含量,延长保质期。常用的干燥方法包括烘干、晒干等。为了确保产品安全卫生,干燥后的骨骼还需要进行灭菌处理,常用的灭菌方法包括高温蒸汽灭菌、辐射灭菌等。④包装与储存:加工完成的动物骨粉需要进行包装,以防止吸潮、污染等。常用的包装材料包括编织袋、塑料袋等。包装好的骨粉应储存在干燥、通风、阴凉的仓库中,避免阳光直射和高温环境,以保证产品质量。

(四)饲料化应用效果

骨粉作为一种来源广泛、价格低廉的动物性饲料原料,富含钙、磷等矿物质元素,在畜禽养殖中被广泛应用于补充矿物质营养,促进畜禽骨骼生长发育和提高生产性能。骨粉中钙磷比例约为2:1,与畜禽骨骼中的钙磷比例相近,具有较高的生物学效价。研究表明,在断奶仔猪日粮中添加1.5%~2%的骨粉,能够显著提高仔猪对钙、磷的吸收利用率,促进骨骼生长发育,提高骨骼强度,有效预防仔猪佝偻病的发生,并改善仔猪的生长性能,使其日增重提高6%~8%。对于蛋鸡而言,骨粉的添加能够显著提高蛋壳质量,降低破蛋率,提高产蛋率。在蛋鸡日粮中添加2%~3%的骨粉,蛋壳强度可提高8%~12%,破蛋率降低30%~50%,产蛋率提高5%~7%。这主要归因于骨粉中丰富的钙质能够满足蛋鸡形成蛋壳对钙的需求,提高蛋壳的厚度和硬度,减少蛋壳破损。此外,骨粉还含有多种微量元素和生长因子,如铁、锌、铜、锰等,以及骨形态发生蛋白、胰岛素样生长因子等,这些物质能够参与畜禽体内多种生理代谢过程,促进畜禽的生长发育和提高机体免疫力,增强抗病能力，进一步提高畜禽的生产性能和经济效益。

## 三、动物内脏

动物内脏副产物如鸡肝粉、鸡肠粉等（图7-5）。我国是畜牧养殖大国，鸡肉是仅次于猪肉的第二大肉类生产和消费品，庞大的鸡养殖规模为鸡肝粉、鸡肠粉行业发展奠定了坚实的基础。在通常情况下，鸡肝约占肉鸡体重的2.4%，我国的鸡肝、鸡肠年产量可以达到几十甚至上百万吨，这是数量非常可观的蛋白来源。有效利用鸡肝、鸡肠等动物内脏，对缓解我国蛋白进口依赖有重要意义。

图7-5 动物内脏

### （一）营养特性

鸡肝粉油脂、蛋白质含量和消化率都比较高，是生产畜禽、水产饲料的优质高能蛋白源。用作饲料生产的鸡肝粉含水量通常低于10%，粗蛋白质含量为57%~63%，粗灰分含量为8.5%~10%，粗脂肪含量为18%~23%，钙0.05%~0.10%，磷0.8%~1.0%（吴松树等，2024）。鸡肝粉的氨基酸组成丰富且均衡，氨基酸组成与全蛋粉、超级鱼粉和乳酪蛋白相接近，蛋白质可利用率高，因此可以替代全蛋粉、鱼粉、乳酪蛋白等优质高价蛋白原料。此外，鸡肝粉中维生素含量丰富，特别是脂溶性维生素含量明显高于其他动物源蛋白，其中，维生素 A 对于保持视力的正常功能非常重要，而 B 族维生素则是许多辅酶的主要组成部分，对于促进细胞增殖和皮肤细胞的修复、清除自由基以及延缓机体衰老都有显著的益处（王晴，2023）。鸡肠粉蛋白质消化率高，产量高，价格低廉，并且在营养组成上与鱼粉相似，不含抗营养因子，部分氨基酸含量甚至高于鱼粉，是一种很有潜力的鱼粉替代蛋白源。

### （二）加工利用方式

鸡肝粉是利用健康鸡肝脏为原料，经打浆破碎、高温蒸煮、烘干粉碎或者喷雾干燥获得的饲用固态粉状产品，也包括以鸡肝为主原料，经过酶解或者复配处理的粉状产品。鸡肝粉的加工主要包括鸡肝的沥干破碎、蒸煮、酶解、干燥、粉碎等步骤。具体为：先将沥干洁净的鸡肝投入破碎机剪切破碎或打浆，高温蒸煮，然后利用烘干机或真空喷雾干燥机烘干，再按照饲料加工需要粉碎成标准粒度的固态粉状产品。若在蒸煮后加入专用酶均质酶解，则可以获得富含小肽的鸡肝粉，消化利用率更高。

### （三）饲料化应用效果

随着养殖与饲料行业的发展，优质饲料蛋白原料日趋紧俏，挖掘开发优质蛋白原料成为迫切问题；另外，目前我国对活禽交易的限制越来越严格，肉鸡屠宰越来越集中，这为鸡肝规模化的加工与利用提供了便利，目前，鸡肝粉已成为饲料企业关注的优质高蛋白原料来源之一。目前对鸡肠粉的饲料化应用研究较少，主要集中在水产领域（彭祖想等，2021）。

1. 在水产饲料中的应用

鸡肝粉的氨基酸组成比例和高不饱和脂肪酸的营养特性，很适合用于对蛋白品质和不饱和脂肪有特别营养需求的水生动物，目前，鸡肝粉主要用来减量替代鱼粉、鱼溶浆和其他优质蛋白原料，一般在配合饲料中推荐添加比例为3%~10%。研究表明，适量添加鸡肝粉能改善水产养殖动物的采食、生长和饵料系数，说明鸡肝粉是水产动物潜在的优质蛋白原料。彭祖想（2023）研究了饲料中添加鸡肠粉对鲤生长、消化及免疫的影响，结果表明，鸡肠粉替代鱼粉能够显著提高鲤的生长性能，提高了胃蛋白酶、α淀粉酶、脂肪酶、超氧化物歧化酶活性，此外，鸡肠粉还能改变鱼的肠道环境，提高鲤的肝脏抗氧化和免疫酶活性，是良好的鱼粉替代物。

2. 在单胃动物饲料中的应用

随着鱼粉价格日益高涨，养殖者开始不断寻找鱼粉的替代物，鸡肝粉就是不错的选择。从应用效果看，在仔猪保育料和哺乳料中使用2%~5%鸡肝粉，或者替代配方中鱼粉的50%，仔猪采食量不受影响，日增重和料重比没有明显差异；在哺乳母猪料中少量添加鸡肝粉，母猪采食量和泌乳情况也没有明显变化。并且，由于鸡肝粉含有比例相对均衡的缬氨酸、亮氨酸、异亮氨酸等支链氨基酸，能够提高机体的抗氧化能力，改善免疫功能，刺激蛋白质合成，促进乳蛋白和乳脂合成（刁其玉，2007）。

3. 在宠物饲料中的应用

鸡肝粉是猫犬饲料中的优质动物蛋白来源，常用作部分或者全部替代鱼粉、肉粉、肉骨粉，罗有文等（2020）研究发现，在成年犬日粮中添加鸡肝粉，能够显著提采食量和采食率。研究表明，根据宠物的营养需求，鸡肝粉在宠物配合饲料中建议用量为2%~10%。

## 四、动物羽毛

我国作为家禽养殖大国，在养殖过程中，会产生占家禽体重5%~7%的羽毛，其中只有少量优质羽毛被服装等行业利用，而劣等羽毛或被废弃，任其降解，或经理化方法处理后添加到饲料中，利用率低、易造成环境污染、氨基酸破坏严重。据统计，我国年废弃羽毛近150万t，它们含有丰富的蛋白质和氨基酸，粗蛋白质含量80%以上，将这些羽毛角蛋白开发利用，对缓解我国蛋白质饲料资源短缺具有重要意义（图7-6）。

图7-6　动物羽毛

（一）营养价值

不同原材料生产的羽毛粉，理化指标存在差异，平均角蛋白含量为80%~85%。角蛋白的外周分布大量的疏水性氨基酸，肽键及蛋白质骨架的内部包裹少量亲水性氨基酸及基团，肽链之间形成许多二硫键，呈索状结构，性质极其稳定，在水、盐酸及稀盐酸溶液中完全不溶解。未经处理的羽毛粉几乎无法被动物肠道内的消化酶分解，消化利用率较低。羽毛粉中除赖氨酸、色氨酸和蛋氨酸含量较低外，含硫氨基酸含量居所有天然饲料之首，胱氨酸含量丰富，缬氨酸、亮氨酸、异亮氨酸的含量均居前列，其中还含有大量的铜、锰等微量元素。

（二）加工方法

1. 物理法

（1）高温高压水解法

高温高压水解法包括蒸气高温高压水解法和导热油高温高压水

解法两种。蒸气高温高压水解法是利用水解罐中的热蒸气将羽毛粉进行处理；热油高温高压水解法是通过设备夹层的更新，利用热导热油加热水解罐中的羽毛粉对其进行处理。分别进行不同热源的高温高压处理得到块状凝胶，烘干后粉碎使用。该方法主要靠控制压力、温度以及时间，通过破坏羽毛角蛋白稳定的空间结构，使其成为动物可消化吸收的可溶性蛋白，提高饲料利用率。目前该法在小型羽毛粉加工企业中应用较广泛。

(2) 膨化法

膨化法是利用膨化机将羽毛在高温高压下溶成胶冻状，瞬时降温，经模孔忽然减压喷出，破坏角蛋白结构，造成二硫键崩解，使羽毛β-角蛋白多肽链之间的索状结构被破坏，氢键缔合度减弱，形成膨松多孔膨化物，利于被消化吸收。

2. 化学法

(1) 氧化还原法

氧化法通常使用过氧化氢、高锰酸钾、过醋酸及过甲酸等氧化剂将角蛋白中的二硫键氧化为磺酸基团，进而转化为可溶性蛋白。还原法则是利用还原剂将角蛋白中的二硫键还原成巯基（—SH），进而分解角蛋白为可溶性角蛋白，其中还原剂多为巯基化合物，如巯基乙酸、巯基乙酸钠、巯基乙醇和二硫苏糖醇等。然而氧化还原法通过巯基化合物与角蛋白发生双硫键的交换反应，还原生成的巯基化学性质活泼，极易被氧化，常用十二烷基磺酸钠作保护剂，得到具有良好稳定性的角蛋白溶液。

(2) 酸碱处理法

酸碱处理法即将干净羽毛浸泡于适当浓度的酸、碱溶液中，加热使羽毛分段，中和后烘干粉碎，其原理为利用酸或碱使角蛋白二硫键断裂、结构崩解，破坏其空间结构，获得可被利用的蛋白和氨基酸，提高其利用效率。

3. 生物法

(1) 酶解法

角蛋白是一种中性缓冲不溶性多肽，一般的蛋白酶（胃蛋白酶、胰蛋白酶等）很难将其分解。酶解法是利用某些特异性的酶水解羽毛，一般需要通过多个阶段的酶解作用。酶解法降解羽毛粉的加工温度低，可减少对热敏性氨基酸的破坏，增加可消化氨基酸含量，提高羽毛粉中蛋白质消化利用率。

金妙仁等（2012）分别用 2.5% 和 5.0% 的酶解羽毛粉等量替代基础日粮中的鱼粉，与对照组进行比较，研究其对断奶仔猪生产性能的影响。结果表明，添加酶解羽毛粉有降低料重比趋势，添加 2.5% 酶解羽毛粉组粗蛋白质表观消化率显著高于对照组，添加 5.0% 酶解羽毛粉组粗蛋白质表观消化率高于对照组，但差异不显著，可见酶解羽毛粉替代鱼粉可实施性很高。李晓燕等（2012）研究表明，经角蛋白酶处理羽毛粉的体外蛋白消化率显著高于水解羽毛粉，结合生长猪生产性能、蛋白质消化率及经济效益分析，酶解羽毛粉 100% 等蛋白替代秘鲁鱼粉最佳，可降低生产成本，在生产实践中具有高实用性。在关注酶制剂降解羽毛粉的同时，研究者逐渐将研究重点转向高产角蛋白酶的微生物发酵，既保证了稳定的生物活性，又可在一定程度上改善环境污染问题。

(2) 微生物发酵法

近年来细菌由于其生长速度快、产酶性能好、安全系数高的特点在降解角蛋白的研究中受关注度日益增高。目前发现的可降解羽毛角蛋白的细菌主要有枯草芽孢杆菌、地衣芽孢杆菌、巨大芽孢杆菌、短小芽孢杆菌等。其中，地衣芽孢杆菌 PWD-1 能以羽毛为唯一氮源生长，是目前研究最为深入的产角蛋白酶细菌。假单胞菌和伯克氏菌属均能以羽毛为唯一碳氮源进行生长。另外，弗氏链霉菌的变种、黄链霉菌、嗜热禾生链霉菌、嗜热链霉菌和高温放线菌等也具有降解角蛋白的能力。

## (三) 饲料化应用效果

龙定彪等（2011）研究基础日粮中添加2%、4%和6%水解羽毛粉（等蛋白替代豆粕）对20kg左右杜洛克×长白×约克夏生长猪生长性能的影响。结果显示，随着日粮中羽毛粉添加量的增加，试验猪体重、日采食量和日增重降低，而料肉比上升，且6%水解羽毛粉组差异达到显著（$P<0.05$）；各处理组的干物质表观消化率、蛋白质表观消化率和有机物表观消化率均差异不显著（$P>0.05$），而N的表观生物学价值和净蛋白利用率随着水解羽毛粉添加量的增加而明显降低，且6%水解羽毛粉组的净蛋白利用率显著低于对照组（$P<0.05$）和2%水解羽毛粉处理组（$P<0.05$）。由于羽毛粉氨基酸不平衡，随着添加量增加，日粮蛋白质的质量降低，综合考虑生产性能、养分消化率和生产效益，认为在生猪日粮中羽毛粉添加量在2%~4%为宜。

研究表明，用2.5%和5%酶解羽毛粉等比例替代蛋鸡日粮中的部分豆粕，对蛋鸡的采食量、产蛋量、料蛋比、产蛋率和平均蛋重均无负面影响，以2.5%添加量效益最好；且当日粮中羽毛粉的比例为5%~8%时，家禽明显有蛋氨酸、赖氨酸、组氨酸和色氨酸不足症状，并导致生产和产蛋失常（栗晓霞等，2006）。段明文（2008）研究报道，在海兰蛋鸡日粮中添加1%的膨化羽毛粉，不影响其产蛋率、饲料转化率，平均蛋重有所增加；添加量为2%和3%时产蛋率、平均蛋重下降，料蛋比增加。因此，蛋鸡日粮中膨化羽毛粉添加比例不宜超过2%，且要补充蛋氨酸。另外，有研究报道在肉鸡生长后期日粮中添加2%~6%的羽毛粉可显著降低肉鸡腹脂含量。由于羽毛粉中含有较高比例的胱氨酸，蛋鸡日粮中添加5%的羽毛粉可以有效防止啄羽、啄肛的发生（胡介卿等，1998）。刘晓霞等（2001）探讨了膨化羽毛粉对肉鸭生长的影响，结果显示，日粮中添加3%、4%和5%的膨化羽毛粉不影响肉鸭的正常生长，能够提高其饲料转化率，提高平均日增重，降低料肉比，且4%膨化羽毛粉添加组生产性能最好。

## 五、乳制品

乳清粉是产自酸乳清或者干燥乳清的一种产品（图7-7）。近年来，随着乳制品工业的快速发展以及养猪产业的营养需求增长，乳清粉已经成为仔猪饲料中必不可少的原料之一。

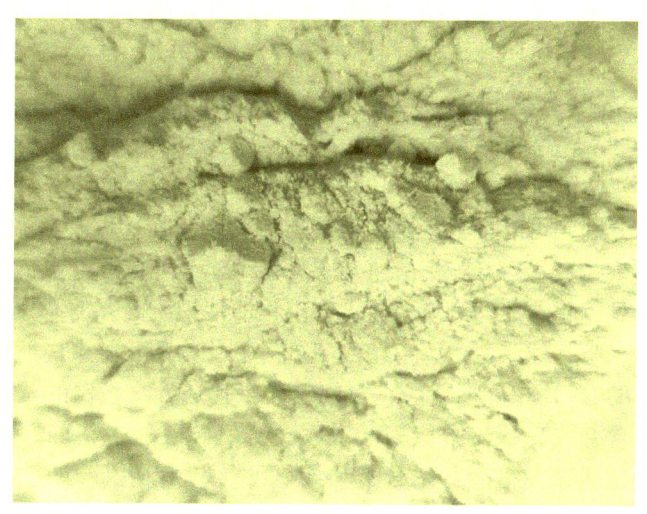

图7-7　乳清

（一）加工利用方式

乳清粉生产的原料是制造干酪素的副产品或者干酪的副产品，对原料进行干燥就可以形成乳清粉。乳清粉在生产的过程中，经历了预处理、杀菌、浓缩、乳糖预结晶、喷雾干燥、冷却、过筛、包装等流程。在预处理流程中，需要通过网筛过滤器将乳清中悬浮的酪蛋白细粒去除，然后分离乳清中的脂肪和残渣等。在杀菌流程中，采取巴氏杀菌方法，以最大程度杀灭乳清中的各种病原物和微生物。在浓缩流程中，需要将杀菌后的乳清放到多效蒸发器中采取真空浓缩的方式以形成最多的乳糖结晶。在乳糖预结晶流程，当乳清浓缩至干物质含量为60%时,需要立即放入干燥塔中进行喷雾干燥。冷却流程分两个阶段,第一阶段是将浓缩乳清迅速冷却至28~30℃;第二阶段是冷却至16~20℃。乳清粉根据来源的不同分为两种,分别是酸乳清粉和甜乳清粉,其pH值分别是4.3~4.6和5.9~6.6。另外,根据生产过程是否脱盐分为两种,第一种是含盐乳清粉,第二种是脱盐乳清粉。根据是否分离蛋白质,分为高、中、低3种蛋白质乳清粉。

(二)营养成分

1. 乳清蛋白

牛奶中的乳清蛋白含量比较低,仅有0.7%;而乳清蛋白有两大类,分别是可溶性乳蛋白和球蛋白,其中包括-免疫球蛋白(含量在8%)、β-乳球蛋白(含量为19%)、乳球蛋白(含量48%)等。此外,乳清蛋白还含有生物活性物质五大类,分别是乳铁蛋白、脂肪球膜蛋白、溶菌酶、乳过氧化物酶、酪蛋白肽酶。乳清粉中的β-乳球蛋白氨基酸含量较高,其是乳清蛋白的重要组成部分,含有较高的支链氨基酸,而支链氨基酸是生猪的必需氨基酸,其包括异亮氨酸、亮氨酸和缬氨酸。其中亮氨酸的效果为最佳,可作为谷氨酰胺的基物质,也可接用作生物细胞的燃料。研究表明,支链氨基酸能够减少蛋白质的分解,并对蛋白质的合成有较强的促进作用。乳清蛋白含有免疫球蛋白和半胱氨酸等活性物质,作为饲料被畜禽食用后可以刺激动物体内的免疫系统工作,刺激产生各种活性物质,从而提高动物体内的细胞免疫能力和体液免疫能力。乳过氧化物酶是一种天然的抗菌剂,通过酶活性反应可将包括某些革兰氏阴性和阳性细菌在内的各种微生物杀死或抑制。

2. 乳糖

碳水化合物(乳糖)是仔猪生长和发育过程中必不可少的营养元素,乳清粉中的乳糖能够提高仔猪的采食量,促进其生长发育。当仔猪出生后,其消化道内的乳糖酶含量比较高,但是其他诸如麦芽糖酶和淀粉酶等碳水化合物的分解酶活性却比较低,因此仔猪在生长过程中主要就是依靠乳糖来提供生长发育过程中所需要的能量。当乳糖进入仔猪体内后,能够很快地被肠道内的上皮细胞乳糖酶转化为果糖和葡萄糖(单糖),这两种糖将会成为仔猪活动的重要能量来源。乳糖还可以被肠道内的乳酸微生物所利用,然后仔猪体内的微生物将其分解为乙酸和乳酸,从而将肠道内的 pH 值降低,并且具有抑制体内微生物繁殖的功效,还可以增加仔猪消化道的蠕动能力,促进其消化吸收和生长。

3. 矿物质

乳清粉中含有丰富的矿物质,包括镁、钾、钙、磷等物质,其中镁元素的含量为 0.1%、钾元素的含量为 1.6%、钙元素的含量为 0.6%。乳清粉中的矿物质主要是以蛋白质-矿物质螯合物的形式存在,容易被仔猪消化吸收,提高了饲料的效价。大量的研究也表明,仔猪食用乳清粉后,能够提高其对钙、锌和镁等元素的吸收率。

(三) 饲料化应用效果

20 世纪,有国外研究发现,仔猪饲喂乳清粉时,能够将仔猪生长性能大为提升。截至目前,不少学者研究认为在仔猪日常饲养中,添加乳清粉能够增加仔猪对饲料的采食量,从而促进仔猪的生长。目前的研究表明,乳清粉的添加量一般以 15%~20% 为宜。对乳清粉提高仔猪生长性能的研究表明,乳清粉中的乳蛋白和乳糖发挥了至关重要的作用。研究表明,乳清粉中的乳糖含量比较高,其能够提高仔猪日粮中蛋白质的消化率,降低仔猪血浆的尿素氮含量。另外当仔猪饲料中添加 20% 的乳清粉后,仔猪对饲料中干物质的消化率明显提升,因此也减少了大肠杆菌等病原菌利用肠道内营养物质的机遇,进而能够抑制仔猪肠道内大肠杆菌的量,同时增加了乳酸菌的量,从而维持了肠道内微生物的平衡。并且,乳清粉能够提高仔猪小肠内的淀粉酶、胰蛋白酶等消化酶的活性,分析其原因在于仔猪采食乳清粉后,能够促进消化器官的生长和发育,从而分泌更多的消化酶。此外,仔猪食用乳清粉后,能够增加仔猪肠道中乳酸菌的含量,而乳酸菌是健康仔猪生长发育过程中肠道内的优势菌群。在仔猪断奶初期,由于仔猪胃内的盐酸含量非常少,因此乳酸菌发酵过程中产生的乳酸,成为维系仔猪胃内酸性环境的主要来源。

## 第四节 微生物及其加工产品的开发与利用

### 一、酵母水解物

酵母水解物是酵母菌经外加酶水解催化或自溶后,干燥或浓缩后获得的产品,富含多种氨基酸、小肽、谷胱甘肽、多糖、核苷酸、维生素和微量元素,可作为绿色的添加剂添加进畜禽类饲料或养殖水产饵料中,具有修复肠道、改善肠道环境、增加畜禽和水产动物免疫力、提高动物生产性能的作用。

(一)营养特性

酵母水解物富含核苷酸,为肠道细胞快速修复与增殖提供核苷酸原料,可有效补救损伤的肠道,提高小肠绒毛高度,降低腹泻的可能,改善肠道环境,缓解应激。核苷酸还可促进动物免疫细胞增殖分化,提高免疫力,激活机体内抗氧化酶活性,抑制自由基和过氧化物的氧化作用,降低脂质过氧化物的水平。呈味核苷酸还可增强饲料的适口性,诱食作用强,显著提高动物进食量,动物增长迅速。酵母多糖可促进动物肠道内益生菌的繁殖,使肠道内菌群维持平衡,减少腹泻和患病的可能,促进肠道吸收营养物质,提高饲料利用率。多糖还可通过清除自由基,防止脂质过氧化,增强免疫细胞的活性,提高机体的免疫力和抗氧化能力。因多糖独特的生理结构,其可以黏附肠道内病原随粪便排出体外。酵母水解物富含小肽,肠道吸收小肽比吸收游离氨基酸速度快、耗能低、易吸收,小肽可以调节胃肠道菌群结构,刺激肠道发育,促进免疫器官发育,以此调节机体的免疫机能。小肽和氨基酸为蛋白质合成提供氮源,增强蛋白沉积率，维持机体代谢水平。酵母水解物中的维生素参与机体代谢，完善免疫功能，维生素 C 是强抗氧化剂，与谷胱甘肽组合可还原脂质过氧化物，还可还原二价铁，促进铁的吸收。

### （二）饲料化应用效果

#### 1. 在反刍动物饲料中的应用

饲料中添加酵母水解物可以改善反刍动物胃肠道菌群环境，维持菌群平衡，让反刍动物健康生长，提高养殖户经济效益。栗哲等（2021）研究了饲料中添加酵母水解物对荷斯坦阉牛生长性能、养分表观消化率和各项生化指标的影响，在两个试验组每头牛每日饲料中添加 50g、100g 酵母水解物，对照组饲喂正常饲料，3 组牛进食量无显著差异。试验结果表明，试验组牛每日增重均大于对照组，且 100g 组增重显著，试验组牛的粗蛋白质和钙表观吸收率明显增高，血清总蛋白含量也高于对照组，血清谷草转氨酶、谷丙转氨酶活性和丙二醛含量显著低于对照组。在奶牛饲料中添加不同剂量的酵母水解物可以提高奶牛饲料消化率，减小应激的影响，降低乳房炎和奶牛代谢紊乱症的发病率，提高生产性能，提升牛奶的产量和品质，提升牛奶乳脂含量（张忠，2019）。项性龙等（2019）研究发现，肉牛饲料中添加适量酵母水解物可以提高肉牛饲料转化率和日增重，降低料重比，增加经济效益。

#### 2. 在猪饲料中的应用

酵母水解物可有效降低仔猪应激，提高仔猪成活率，提高免疫力。酵母水解物可以代替血浆蛋白粉作为仔猪的饲料，避免血浆蛋白携带病毒传染给仔猪。伏润奇等（2018）研究发现，仔猪饲料中添加酵母水解物可以提高肠道的免疫功能，抑制有害菌在肠道增殖，增强仔猪的免疫力，促进仔猪健康生长。陈星河等（2016）研究发现，在母猪饲料中添加酵母水解物，可以提升母猪生产效率，提高母猪窝产仔数，促进胚胎发育，提高仔猪的成活率和健康水平，增加初生仔猪的体重，提高泌乳量，降低母猪产后感染率，还可以提高母猪产后发情率。

### 3. 在家禽饲料中的应用

酵母水解物可以提高家禽饲料的利用率，降低料重比，改善其肠道菌群结构，提高其免疫力，减少疾病的发生。贺淼等（2014）报道，酵母水解物添加进肉鸡饲料中，可以提高肉鸡抗氧化能力，改善肉鸡肠道环境，提高肉鸡的饲料转化率，提高肉鸡生产性能，使肉鸡增重迅速，提高肉鸡免疫能力，减少药物的使用，增加养殖户收益。

### 4. 在水产动物饲料中的应用

严巨海（2022）研究在每千克饵料中添加 3g、5g、7g 的酵母水解物对鲈鱼生长性能的影响，结果表明，试验组鲈鱼的增重率大于对照组，与酵母水解物的添加量成正比，试验组的饵料系数比对照组降低，且随着酵母水解物的添加量增多，降低得更加显著。每千克饵料中添加 5g 和 7g 酵母水解物可提升鲈鱼的存活率至 100%。熊云凤等（2021）研究在日本沼虾幼虾饵料中添加 0.5%、1%、2% 和 4% 不同水平的酵母水解物对其水平生长、抗氧化、免疫和肠道菌群的影响。试验结果显示，各组成活率没有显著差异，1%组幼虾的增重率和特定生长率最高，肝胰腺总抗氧化力、超氧化物歧化酶活性也随酵母水解物水平的增高呈现先上升后下降的趋势。4%组肝胰腺免疫性能指标——一氧化氮合酶活性和一氧化氮含量显著高于其余各组。

## 二、啤酒酵母粉

随着人们对动物产品品质和食品安全要求的不断提高，以及对环保和可持续发展的重视，啤酒酵母粉作为一种天然、安全、高效的饲料添加剂，其应用前景十分广阔。在畜牧养殖业中，啤酒酵母粉可以广泛应用于猪、鸡、牛、羊、猫狗等多种动物的饲料中，为动物提供全面的营养支持，促进动物健康生长，提高生产效益。

### （一）营养特性

啤酒酵母粉中含有高达 45% 以上的优质蛋白质，是蛋白原料的优质替代品，易于动物消化吸收。富含多种维生素，特别是B族维生素群，如维生素$B_1$、维生素$B_2$、维生素$B_6$、维生素$B_{12}$等，对动物的新陈代谢和能量转换具有重要作用。含有钙、铁、锌等多种矿物质，对动物的骨骼发育、血液生成和免疫功能有积极影响。此外，啤酒酵母粉中还含有膳食纤维、RNA等其他成分，这些成分在促进动物肠道健康、降低血糖、促进蛋白质生长等方面也发挥着重要作用。

（二）饲料化应用效果

饲料添加啤酒酵母粉，能够起到促进生长、增强免疫力、改善肠道健康等作用。啤酒酵母粉中的优质蛋白质、氨基酸和维生素等营养物质能够促进动物的生长发育，提高生长速度和饲料转化率。多种维生素和矿物质以及酵母细胞壁多糖等活性物质能够增强动物的免疫功能，提高抗病能力。膳食纤维等成分有助于促进肠道蠕动，增加粪便体积，减少便秘等肠道问题。啤酒酵母粉在饲料中的添加比例须根据动物种类、生长阶段及饲料配方等因素进行调整。一般来说，适宜的添加比例为2%~5%。猪饲料中添加比例一般在2%~5%。鸡饲料中添加比例为2%~3%。牛饲料中的添加比例一般在1%~2%。羊饲料中添加比例也在2%~3%。猫狗饲料中的添加比例一般在1%~3%。需要注意的是，过量添加可能会对饲料的口感和稳定性产生不利影响，因此在实际应用中须严格控制添加量。曲浩杰等（2020）研究了混合型啤酒酵母粉对产蛋后期蛋鸡生产性能、蛋品质和抗氧化的影响。结果表明，日粮添加1.5 g/kg的混合型啤酒酵母粉能提高蛋鸡的产蛋率和产蛋量，降低料蛋比采食量，降低了蛋鸡肝脏和蛋黄MDA含量，提高了蛋黄SOD活性，说明日粮中添加混合型啤酒酵母粉能够改善蛋鸡的产蛋性能、饲料效率、蛋品质和抗氧化性能。

## 三、菌体蛋白

菌体蛋白饲料是指利用工农业废料培养丝状真菌、细菌等微生物，使其发酵废料中物质进行增殖生长，再经过分离、干燥后产生的一种蛋白饲料。具有浓郁的香味，蛋白质含量可达40%~80%。与常规饲料相比，菌体蛋白饲料由发酵后菌体（酿酒酵母蛋白、产朊假丝酵母蛋白、乙醇梭菌蛋白）及其发酵产物（氨基酸发酵类和功能性副产物类）组成，发酵底物大多是工农业废料，具有环境友好、蛋白质含量高、可利用氨基酸丰富、含有脂肪酸和促进动物生长性能等优势，可以用于替代日粮中的部分蛋白原料。菌体蛋白一般分为两种，一种生产目的是获得菌体本身，如酿酒酵母蛋白、产朊假丝酵母蛋白、乙醇梭菌蛋白等；另一种则是获得氨基酸发酵的副产物，如谷氨酸渣、赖氨酸渣、核苷酸渣等。

### （一）营养特性

菌体蛋白作为一种蛋白原料，其蛋白含量较高，富含动物所需要的各种必需氨基酸，特别是植物饲料中缺乏的赖氨酸、蛋氨酸和色氨酸含量较高，生物学价值大大优于植物蛋白饲料。同时菌体蛋白还含有维生素，特别是B族维生素和微量元素，其中硫胺素、核黄素、泛酸、胆碱、尼克酸的含量超过鱼粉，脂肪含量也大大高于植物性蛋白原料。菌体蛋白的蛋白质含量一般在40%~80%，其中味精菌体蛋白和石油菌体蛋白粗蛋白质含量为70%左右，高于鱼粉，而青霉素菌体蛋白粗蛋白质含量与豆粕相当；味精菌体蛋白、青霉素菌体蛋白的赖氨酸含量比豆粕低0.5%和0.8%，味精菌体蛋白色氨酸含量与豆粕相当，青霉素菌体蛋白比豆粕低0.14%，几种菌体蛋白的蛋氨酸含量均较豆粕高（赵叶，2009）。

### （二）饲料化应用效果

日粮添加菌体蛋白，能够提高畜禽和水产动物的生产性能，改善生物肠道菌群，优化消化道内环境，提高生物的免疫功能，具有良好的应用效果。

1. 在反刍动物饲料中的应用

在反刍动物中的研究表明，向饲料中加入菌体蛋白对动物的体重增长和肉质改善均有积极作用。例如,在全混合日粮中加入每100kg体重10g的产朊假丝酵母,能显著提升15个月龄肉牛的胴体重量,同时与对照组相比,其平均干物质摄入量和料重比都有显著下降(赵明远,2022)。在粗饲料中,若以60%的白酒糟替代相同重量的皇竹草,西门塔尔牛的日均增重和干物质摄入量均得到显著提升(汪成等,2021)。此外,将肉羊精料补充料中的2%豆粕用谷氨酸渣替代,肉羊的生产性能得到明显提高,羊肉中的氨基酸含量增加,同时肉质中的饱和脂肪酸含量减少(张立等,2020)。此外,适量添加菌体蛋白有助于改善瘤胃环境,促进瘤胃内部的发酵过程。例如,用3%的谷氨酸渣替代日粮中的豆粕,能显著降低秦川肉牛瘤胃内的氨态氮浓度,调整乙酸与丙酸的比例,改善瘤胃环境和饲料消化率,同时降低饲料成本(宋钰,2022)。在藏牛的饲料中加入200g/kg的酿酒酵母,可以促进瘤胃中好氧菌的生长,改善微生物群落,进而促进发酵(殷林,2022)。使用60%的发酵白酒糟等量替代全混合日粮中的皇竹草,瘤胃中的微生物蛋白含量显著增加,氨态氮含量显著降低,有利于瘤胃球菌的生长(刘垚等,2022)。然而,白酒糟的添加量不宜过高,若添加65%或75%的白酒糟,会导致山羊瘤胃pH值下降,瘤胃发酵功能降低,普雷沃氏菌数量增多,从而引发瘤胃炎症(张余蓬,2022)。

2. 在家禽饲料中的应用

家禽的饲养试验表明,日粮添加菌体蛋白能够改善家禽的产蛋和产肉性能,还可以优化肠道菌群,改善肠道环境。曲浩杰等(2019)的研究表明,在基础饲料中加入1.5 g/kg的混合型啤酒酵母粉,能显著提升蛋鸡的全净膛率和体重;范磊(2014)的试验发现,当基础饲料中加入0.25 mg/kg的酵母硒后,试验组肉鸡的日增重明显提高,料重比显著下降,同时抗氧化能力也有所增强;在饲料中加入混合型啤酒酵母粉,能显著提升蛋鸡的产蛋率、产蛋量、蛋白高度以及蛋黄中SOD的活性(曲浩杰等,2019)。在基础饲料中加入0.25mg/kg的面包酵母硒和0.1%的酪酸梭菌制剂,能显著促进肠道中双歧杆菌等有益菌的生长，抑制大肠杆菌、肠球菌等有害菌的生长，显著降低肉鸡的料重比（刘红露等，2015）。在基础饲料中加入1%或2%的酿酒酵母发酵白酒糟，能显著提升海兰褐蛋鸡的采食量，其中加入量为1%时，蛋鸡粪便中沙门氏菌的含量明显降低，加入量为2%时，粪便中乳酸杆菌的含量明显增加（张鑫等，2020）。

3. 在猪饲料中的应用

猪饲料中添加菌体蛋白，能够改善猪的生长性能，提高抗氧化能力。在基础日粮中加入4%的白酒糟酿酒酵母，与未添加酵母的对照组相比，能够显著提升断奶仔猪的平均日增重（张大城等，2022）；同时，生长猪（杜×长×大）的日增重和饲料效率与基础日粮中酵母水解物的添加量呈现正比关系；若以产朊假丝酵母取代基础饲料中的3%鱼粉，断奶仔猪的血清抗氧化能力和粪便中的丁酸含量会明显提高（马嘉瑜等，2022）。

4. 在水产动物饲料中的应用

菌体蛋白在水产动物的养殖中也取得了良好的效果。作为水产饲料中鱼粉的理想替代物，菌体蛋白对水生生物的不良影响相对较低。在适宜的添加量下，它能带来显著的正面效果，比如提升生长速度、增强免疫力和改善肠道健康。在草鱼饲料中适量添加乙醇梭菌蛋白以替代豆粕，有助于草鱼的成长，其平均体重和蛋白质沉积率分别增加了14.94%和19.66%（魏洪城等，2018）。大口黑鲷饲料中用乙醇梭菌蛋白取代鱼粉，减少了氮磷排放，减轻了水体的富营养化问题（陈颖，2020）。当乙醇梭菌蛋白替代鱼粉的比例达到49.8%时，幼年大口黑鲈的体重明显增加；而替代比例低于39.0%时，则能改善其肠道形态（Zhu等，2022）。适量添加乙醇梭菌蛋白至罗非鱼幼鱼的饲料中，能显著提升其生长性能，并在添加量不超过200 g/kg时调节糖脂代谢，保持机体平衡（Maulu等，2022）。在大口黑鲈饲料中加入乙醇梭菌蛋白，还能增强其免疫功能。当替代50%鳀鱼粉后，黑鲈肝脏中的白细胞介素-1β（IL-1β）、白细胞介素-10（IL-10）和转化生长因子β1（TGF-β1）mRNA表达显著降低，肠道内微生物的多样性和丰富度也显著提高（Ma等，2022）。

# 参考文献

陈颀，包显颖，苏云，等，2017. 白酒糟酿酒酵母培养物营养成分分析及其在猪饲料中的应用价值评估［J］. 动物营养学报，29（8）：2826-2835.

陈星河，陈春萍，2016. 酵母水解物对母猪生产性能及哺乳仔猪增重的影响［J］. 饲料与畜牧（10）：54-56.

陈颖，2020. 黑鲷饲料中乙醇梭菌蛋白部分替代鱼粉的应用效果研究［D］. 杭州：浙江大学.

刁其玉，2007. 动物氨基酸营养与饲料［M］. 北京：化学工业出版社.

段明文，2008. 不同用量的膨化羽毛粉饲喂海兰蛋鸡的效果观察［J］. 云南畜牧兽医（3）：15-16.

范磊，2014. 富硒酵母发酵优化试验及其联合丁酸梭菌制剂对肉鸡养殖上的初步应用［D］. 成都：四川农业大学.

伏润奇，陈代文，郑萍，等，2019. 酵母水解物对断奶仔猪生长性能、血清免疫和抗氧化能力及粪便菌群的影响［J］. 动物营养学报，31（1）：351-359.

贺淼，黄鑫，陈中平，等，2014. 酵母水解物的消化吸收及营养作用［J］. 中国饲料（9）：38-41.

胡介卿，王萍，刘新平，1998. 酶解羽毛粉饲喂啄羽癖蛋鸡效应试验［J］. 江西畜牧兽医杂志（2）：14.

黄志东，张翘楚，李惠惠，等，2023. 菌体蛋白作为饲料蛋白原料的研究进展［J］. 饲料工业，44（10）：16-21.

金妙仁，李晓燕，洪奇华，等，2012. 酶解羽毛粉替代鱼粉对断奶仔猪生产性能的影响［J］. 养猪（3）：4-5.

李小月, 2023. 低鱼粉饲料中补充胆汁酸和胆固醇对凡纳滨对虾生长、脂质代谢和肠道健康的影响 [D]. 湛江：广东海洋大学.

李晓燕, 喻洋, 肖英平, 等, 2012. 酶解羽毛粉的体外蛋白质消化率及其在生长猪日粮中的应用效果 [J]. 中国畜牧杂志, 48 (15)：33-36.

栗晓霞, 高建新, 2007. 酶解羽毛粉对蛋鸡生产性能的影响 [J]. 饲料广角 (2)：32-33.

栗哲, 2021. 酵母水解物对荷斯坦阉牛生产性能、瘤胃发酵及肉品质的影响 [D]. 保定：河北农业大学.

刘红露, 范磊, 戴茜茜, 等, 2015. 面包酵母硒与酪酸梭菌制剂对肉鸡生长、抗氧化和肠道菌群的影响 [J]. 浙江农业学报, 27 (9)：1529-1534.

刘晓霞, 郭晓辉, 2001. 膨化羽毛粉在鸡日粮中的应用 [J]. 中国禽业导刊 (12)：36.

刘延贺, 苑会珍, 2009. 不同水平的膨化血粉对生长猪生产性能的影响 [J]. 安徽农业科学, 37 (21)：9995-9996+10016.

刘垚, 姜菲, 彭忠利, 等, 2022. 白酒糟和发酵白酒糟对西门塔尔杂交牛瘤胃发酵参数和微生物区系的影响 [J]. 中国饲料 (11)：111-122.

龙定彪, 杨飞云, 刘作华, 等, 2011. 水解羽毛粉替代豆粕饲喂生长猪的效果研究 [J]. 四川畜牧兽医, 38 (7)：22-23+25.

罗有文, 袁华根, 朱建平, 等, 2020. 鸡肝粉对犬粮适口性的影响 [J]. 上海畜牧兽医 (6)：24-25.

马嘉瑜, 龙沈飞, 朴香淑, 等, 2022. 产朊假丝酵母对断奶仔猪生长性能、血清免疫和抗氧化指标以及养分表观消化率的影响 [J]. 动物营养学报, 34 (4)：2260-2271.

彭祖想，2023. 饲料中添加鸡肠粉对鲤生长、消化及部分免疫指标的影响 [D]. 大连：大连海洋大学.

彭祖想，严林，卫力博，等，2021. 鸡肠粉替代鱼粉对鲤生长、消化及免疫相关理化指标的影响 [J]. 饲料工业，42 (22)：52-59.

曲浩杰，杨在宾，李新新，等，2019. 混合型啤酒酵母粉对产蛋后期蛋鸡屠宰性能、胫骨强度和经济效益的影响 [J]. 家禽科学 (12)：3-6.

曲浩杰，杨在宾，李新新，等，2020. 混合型啤酒酵母粉对产蛋后期蛋鸡生产性能、蛋品质和抗氧化的影响 [J]. 饲料工业，41 (5)：35-39.

宋钰，2020. 谷氨酸渣对肉牛常见饲料瘤胃有效降解率和小肠消化率的影响 [D]. 咸阳：西北农林科技大学.

汪成，王之盛，胡瑞，等，2021. 不同类型白酒糟对西杂牛生长性能、养分表观消化率、血清生化指标及瘤胃发酵参数的影响 [J]. 动物营养学报，33 (2)：913-922.

王成，2022. 芒果副产物对肉鸡生长性能、消化道发育、血液参数及经济效益的影响 [J]. 中国饲料 (6)：105-108.

王晴，2023. 鸡肝粉功能化加工研究 [D]. 无锡：江南大学.

魏洪城，郁欢欢，陈晓明，等，2018. 乙醇梭菌蛋白替代豆粕对草鱼生长性能、血浆生化指标及肝胰脏和肠道组织病理的影响 [J]. 动物营养学报，30 (10)：4190-4201.

温斌华，吴强，张莹，等，2022. 日粮中添加发酵芒果皮对鸿光黑鸡生长性能及肉品质的影响研究 [J]. 中国饲料 (17)：132-137.

吴松树，2024. 鸡肝（粉）的营养价值及其在饲料中的应用 [J]. 福建畜牧兽医，46 (2)：47-50.

项性龙，胡芳，刘国东，等，2019. 酿酒酵母培养物对和牛育肥效果的影响 [J]. 畜牧与饲料科学，40 (2)：29-32.

谢红兵，刘长忠，张海棠，等，2012. 不同水平膨化血粉对生长鹅生产性能及盲肠微生物菌群的影响 [J]. 黑龙江畜牧兽医（1）：4-6.

熊云凤，吴佳文，周东生，等，2021. 酵母水解物对日本沼虾幼虾生长、抗氧化、免疫和肠道菌群的影响 [J]. 动物营养学报，33（4）：2199-2212.

严巨海，2022. 饵料中添加酵母水解物对鲈鱼生长性能的影响 [J]. 江西水产科技（2）：51-52+55.

杨佩，2022. 鱼粉在仔猪中的营养价值评定及有效养分预测 [D]. 雅安：四川农业大学.

殷林，2022. 饲粮添加酿酒酵母对高原型藏牛瘤胃发酵的影响 [J]. 吉林畜牧兽医，43（9）：1-2.

张大城，洪玲玲，刘碧凡，等，2022. 日粮添加白酒糟酿酒酵母培养物对断奶仔猪生长和肠道结构及功能的影响 [J]. 湖南农业大学学报（自然科学版），48（4）：474-482.

张立，牛梦晓，刘雅婷，等，2020. 谷氨酸渣对肉羊生长性能、屠宰性能、血液生化指标和肌肉养分组成的影响 [J]. 畜牧与兽医，52（12）：39-45.

张鑫，封伟杰，王玉璘，等，2020. 不同水平酿酒酵母发酵白酒糟对蛋鸡生产性能、蛋品质、粪便菌群微生物的影响 [J]. 饲料工业，41（20）：26-31.

张余蓬，2022. 高剂量白酒糟对山羊瘤胃发酵、微生物菌群及炎性反应的影响 [D]. 重庆：西南大学.

张忠，2018. 酵母培养物对奶牛产奶量和乳品质的影响 [D]. 哈尔滨：东北农业大学.

赵明远，2022. 产朊假丝酵母对瘤胃微生物体外发酵及新疆褐牛养分消化与育肥增重性能的影响 [D]. 乌鲁木齐：新疆农业大学.

赵叶，2009. 菌体蛋白安全性、营养价值评定及其在生长肥育猪上的应用效果研究 [D]. 雅安：四川农业大学.

朱相燕, 孟宪红, 代平, 等, 2024. 零鱼粉饲料与高鱼粉饲料饲喂下凡纳对虾饲料利用效率相关性状的遗传评估 [J]. 渔业科学进展, 45 (5): 174-182.

Eman A. El – Sharkawy, Ibrahim M. Abd El – Razek, Asem A. Amer, et al., 2023. Effects of sodium butyrate on the growth performance, digestive enzyme activity, intestinal health, and immune responses of Thinlip Grey Mullet (Liza ramada) juveniles [J]. Aquaculture Reports, 30: 101530.

Ma S, Liang X, Chen P, et al., 2022. A new single-cell protein from Clostridium autoethanogenum as a functional protein for largemouth bass (Micropterus salmoides) [J]. Animal Nutrition, 10: 99-110.

Ma X, Shang Q, Hu J, et al., 2019. Effects of replacing soybean meal, soy protein concentrate, fermented soybean meal or fish meal with enzyme-treated soybean meal on growth performance, nutrient digestibility, antioxidant capacity, immunity and intestinal morphology in weaned pigs [J]. Livestock Science, 225: 39-46.

Maulu S, Liang H, Ge X, et al., 2021. Effect of dietary Clostridium autoethanogenum protein on growth, body composition, plasma parameters and hepatic genes expression related to growth and AMPK/TOR/PI3K signaling pathway of the genetically improved farmed tilapia(GIFT:Oreochromis niloticus) juveniles [J]. Animal Feed Science and Technology, 276: 114914.

Zhang H Y, Piao X S, Li P, et al., 2013. Effects of single cell protein replacing fish meal in diet on growth performance, nutrient digestibility and intestinal morphology in weaned pigs [J]. Asian-Australasian Journal of Animal Sciences, 26 (9):

1320-1328.

Zhu S, Gao W, Wen Z, et al., 2022. Partial substitution of fish meal by Clostridium autoethanogenum protein in the diets of juvenile largemouth bass (Micropterus salmoides) [J]. Aquaculture Reports, 22: 100938.

# 主要符号表

| 英文缩写 | 英文全称 | 中文全称 |
| --- | --- | --- |
| ADF | Acid Detergent Fiber | 酸性洗涤纤维 |
| AFB | Aflatoxin | 黄曲霉毒素 |
| AME | Apparent Matabolizable Energy | 表观代谢能 |
| CAT | Catalase | 过氧化氢酶 |
| DAO | Diamine Oxidase | 二胺氧化酶 |
| DDGS | Distillers Dried Grains with Solubles | 小麦酒糟及其可溶物 |
| DON | Deoxynivalenol | 呕吐毒素 |
| ESBM | Enzymolytic Soybean meal | 大豆酶解蛋白 |
| FAO | Food and Agriculture Organization of the United Nations | 联合国粮食及农业组织 |
| GLU | Blood Glucose | 血糖 |
| GSH-Px | Glutathione Peroxidase | 谷胱甘肽过氧化物酶 |
| IARC | International Agency for Research on Cancer | 国际癌症研究机构 |
| LDL | Low Density Lipoprotein | 低密度脂蛋白 |
| LDLR | Low Density Lipoprotein Receptor | 低密度脂蛋白受体相关蛋白 |
| MDA | Malondialdehyde | 丙二醛 |
| NDF | Neutral Detergent Fibre | 中性洗涤纤维 |
| NK cell | Natural Killer cell | 自然杀伤细胞 |

(续表)

| 英文缩写 | 英文全称 | 中文全称 |
|---|---|---|
| NSP | Non-starch Polysaccharides | 非淀粉多糖 |
| OTA | Ochratoxin | 烟曲霉毒素 |
| SOD | Superoxide Dismutase | 超氧化物歧化酶 |
| TC | Total Cholesterol | 总胆固醇 |
| WHO | World Health Organization | 世界卫生组织 |
| ZEN | Zearalenone | 玉米赤霉烯酮 |